王明贤主编

建筑界丛书 第二辑

马岩松 **Ma Yansong**

鱼缸
Fish Tank

中国建筑工业出版社

马岩松
MAD 建筑事务所创始人、合伙人

生于北京，曾就读于北京建筑工程学院（现北京建筑大学），后毕业于美国耶鲁大学（Yale University）并获硕士学位。2004 年成立 MAD 建筑事务所，并凭借代表作梦露大厦成为首位在海外赢得重要标志性建筑的中国建筑师。目前他于清华大学及北京建筑大学担任客座教授，被誉为新一代建筑师中最重要的声音和代表。

丛书序

世界多极化、经济全球化的总体格局中，中国在发展模式、发展内容、发展任务等方面发生了一系列的变化，中国城市也发生了极其巨大的变化，出现了从未有过的城市与建筑新景观。一批青年建筑师敏锐地意识到一个不同的建筑时代正在开始，抓住当代建筑的新精神，提出建筑实验的主张并付诸行动。他们的工作重心由纯概念转移到概念与建造关系上，并开始了对材料和构造以及结构和节点的实验。同时，在他们的工作中，创作与研究是重叠的，旨在突破理论与实践之间人为的界限。他们的作品使中国当代建筑显示出顽强的生命力，也体现了特殊的魅力。

与整个国家巨大的建设洪流相比，青年建筑师的研究性作品显得有些弱小，然而正是这些作品诠释了当代空间，因此具有新的学术意义。为了反映中国当代建筑这种新趋势，2002 年中国建筑工业出版社出版了"贝森文库 - 建筑界丛书第一辑"，其中包括《平常建筑》（张永和 著）、《工程报告》（崔愷 著）、《设计的开始》（王澍 著）、《此时此地》（刘家琨 著）和《营造乌托邦》（汤桦 著）。"建筑界丛书第一辑"的编辑出版，得到杜坚先生和贝森集团鼎力襄助，贝森集团投资出版的这套丛书，由杜坚先生和我共同担任主编。

又过了 13 年，建工出版社继续出版"建筑界丛书第二辑"，介绍中国新一代建筑师的代表作，梳理中国当代建筑史的脉络和逻辑，力图呈现中国建筑师的新面貌。我们希望年轻人能喜欢建筑界丛书，也希望这几本小书能在青年建筑师和建筑学子的青春记忆中留下独特的学术印迹。

王明贤

2015 年 9 月

序

MAD 在探索实践东方文化体系的路

包泡

1838 年，英国作家狄更斯的小说《雾都孤儿》出版；1952 年，伦敦毒雾 5 天里毒死了 5000 多人，两个月后 8000 多人死亡。工业革命带来的环境危害，为人类的文明历程敲响了警钟。2012 年伦敦奥运会开幕式上，人们高举着巨大的烟筒模型，最后这些烟筒纷纷倒地。时隔 174 年，奥运会与放倒烟筒有什么关系？征服自然、战胜自然、疯狂掠夺自然资源的工业革命文明被再次宣告结束，人们呼唤重新回到自然怀抱。在今天的网络信息时代，我们探讨未来的城市文明、建筑文化的前提是我们如何看待人类与自然的关系。拭目以待，各个国家民族的不同文明、文化，将如何进入这一新的历史文明阶段？

中华民族，五千年农耕文明构筑的昔日封建帝国，在 150 年前被西方强大的工业文明打得落花流水。但我们只用了 30 年的时间，在跨越了工业革命、后工业、后现代之后，又一下子进入网络信息时代与西方文明同步了。面对着人与自然关系，用什么样的文化观念进入新的历史阶段？中华文明的文化和哲学中，在对人与自然关系的理解上，表现出同高度发展的西方文明完全不同的认识论和方法论。

1840 年鸦片战争之后，西方是通过日本来了解东方文化艺术的，那时他们对中国的传统文化知之甚少。"第二次世界大战"后，1952 年齐白石获世界和平奖。把齐白石放到历史层面上去看他的影响——是他让中国传统文化的当代性开始正面走向国际舞台，并且让西方工业革命后期文明看到了东方人与自然的关系的艺术。齐白石的国画歌颂的是人与自然和谐相处的生命意识。

木匠出身的国画家齐白石，走出了中国历史上明清画家借梅、兰、竹、菊寄托自恃清高、郁郁不得志的个人命运。齐白石画小鱼、小虾、小昆虫，尽情地抒发对自然的热爱赞美。他不同于"第二次世界大战"后的欧洲艺术家，如英国雕塑家亨利·摩尔塑造的战争恐惧；杰克·梅蒂雕塑的细长人体如同被烧焦了一样；还有英国画家培根的油画中人物处于瞬间被一种无情的力量摧毁、身体和脸部变得模糊不清。这一切是战争给人类造成的心灵创伤，而齐白石的画是对自然的向往。毕加索热烈赞扬他、并对这种不同于西方的文化体系的艺术创作倍感震惊。

"第二次世界大战"后，东方文化对自然的关注逐步显现。1980 年美国"越战"退伍军人协会组织了越战纪念碑设计的公开竞赛，二年级的华人大学生林璎在数千人的竞争中入选。有趣的是，她的设计同另一个美国人设计的、再现历史的写实方案截然不同，争执不下的是两种不同文化艺术观念。最后两个方案同时入选同时施工。这种文化上的不同认识论和方法论是显而易见的，林璎方案显然有着东方文化的影响，更有当时在美国已经发展起来的大地艺术的直接影响，她将大地划了一道大裂口子（死人在地下嘛），参观的人一步步走入地下，身影完全投射到黑色镜面大理石墙上，同逝者名字重叠在一起。注视着逝者的名字，看着自己的脸和逝者的名字重叠在一起，这产生的是什么样的心灵感触呢？这不只是视觉的艺术，而是个体的全部感官在此情此景中的参与。

林璎设计的是一种场景，让逝去的人与现实的人在阳光下的同一时空中相遇。我把这一场景称之为意境，在一瞬间，历史与现在相遇。在这样的气氛下，人们不断用各种方式进行着表述寄托、抒发情感的对话。他们在墙上墙下放纸条、鲜花、鞋帽等实物，像是行为艺术。这种在阳光之下、大地之上有精神的场景，是时间和空间的艺术，我把它称之为意境。

林璎没有去模仿、再现历史、人物、服装与道具，而是让观者在阳光、大地、光影的环境中产生精神意境，她不用肖像去寄托哀思，这是中国在五千年前用烟火祭祀先祖的延续。今天的中国人在清明节、七月十五鬼节、十月初一送寒衣、大年三十晚上还要烧纸祭祖，这种文化传统在《周礼》、《礼记》中早已被固定下来。老子讲"道"和"象"，刘勰用"意象"，到唐朝王昌龄总结出"意境"。这就是中国美学最核心的东西，走了几千年的路。不是模仿再现。林璎，是中国现代建筑文化的开拓者，后代在西方文化体系中，又起了开拓者的作用。

20 年后，有一个中国青年马岩松为"911 事件"遗址设计了一个方案，叫"浮游之岛"。

数条从地面升起的线在空中盘旋成漂浮的云雾状立体造型，犹如中国传统工笔画中云朵的画法，建筑上面还有水泊植物的空中花园，完全是未来的景象。其中的一张效果图，这朵在曼哈顿上空漂浮的云将摩天楼群大面积覆盖，不知他是否意识到这是对现代主义建筑所张扬的资本和权力的蔑视。再看另一效果图，浮游之岛如翅膀一样飞向 1913 年建造的伍尔沃斯大厦，是什么样的内心冲动在推动他去冲击这一百年前的大楼？他这是要与工业革命之后的、伟大的现代主义城市中的摩天楼对话。新的世贸大厦还是直指青天的摩天楼，而这座浮游之岛同现代主义建筑的几何构成语言、秩序和逻辑思维是完全不同的，它是感受式的、感悟式的创作方法。整个方案显示的是这个青年人对整个"911 事件"有感而发的冲动。后来他给自己的设计公司取名叫 MAD，这高度概括了他那段时间的心态——"疯狂"。这绝非常见的设计工作室名称，不是理性逻辑，是我存在，是情与意的叛逆。后来的设计也证明这一点，他回国后第二年参加了广州的高层竞赛，人家要 400m，他来一个掉头 800m，叛逆！引用艾晓明的一段话："中国人对疯狂和非理性缺乏理解，但在现代的知识体系，恰恰是从这个领域诞生了弗洛伊德和福柯，他们分别对非理性以及监狱做了深入的研究，从而影响了整个西方思想，致使绝对真理的大厦坍塌瓦解。试问如果没有非理性对人的支配，谈何宏大叙事，何来理想世界？！"

马岩松的创作，是随性而发，数条上升的线在空中随意盘旋而成型成景，产生了城市上空飘荡浮动的情感。成景，是发现并创造了一种精神意境。不是勒·柯布西耶现代主义建筑体系里的东西。正如汉斯·尤尔里奇·奥布里斯特和罗伦萨·巴萨切利在给马岩松《山水城市》这本书前言里说的，"如果仅仅把历史的发展当作一个线性过程来追究，我们也不会对那些沉浸在科技和经济高速发展的21世纪'中国梦'里的城市感到惊奇。然而，像马岩松这样的建筑师却在此时提醒我们还有别的道路。"

他们两位看到了不同于西方的另外一条道路，并且也指出马的思想是东方传统精神的一部分。"追求人类与自然的和谐共处一直是东方传统精神的一部分，因而亚洲城市环境当下的快速恶化就分外引人注目。马岩松的思想理念可被视为另一种方式，在占统治地位的西方城市化发展模式之外的颇具解放精神的另一种方式。更重要的是，还是当前全球化进程中来自'他者'的声音。将自然以更贴近实际、更实用的方式重新引入，作为建筑的核心角色，这是一种面对与抗衡全球化进程中占统治地位的西方现代主义和后现代主义的文化策略。"

但从东方美学体系延伸出来的写意的建筑语言、意境的创造绝对不是"策略"也不是"实用"，而是另外一个文化体系在网络信息时代登上历史舞台的亮相，是在丰富和推进文明的发展进步。小汉斯还指出："和新陈代谢派把现代主义空间从欧洲中心论剥离至'多元文化共生，从人类本位论到生态学，从工业社会到信息社会，从普世主义到多元共生时代，从激情原理时代到生命原理时代'（黑川纪章语）一样，马岩松把生态话题作为城市发展未来的核心，重新带回人们视线。"

他说马岩松把"生态"作为未来发展核心，这显然是在东西方文化中，对待人与自然的关系上的核心差异。工业文明所导致的环境破坏正是人类本体论的恶果，至今还把自然当成客体，人是主体。

新陈代谢派没有走出来也是因为在这一观念上进行变革。当代的生态建筑学也是建立在这一观点上，这还是欧洲中心论的文化观念。

那么另一条路在哪里？我们看到生态建筑学是在 1960 年由美籍意大利建筑师保罗·索勒瑞提出的。20 世纪 60 年代日本新陈代谢派明确提出"共生城市"的理论，是生物学的进化论再生行为。1972 年联合国第一次人类环境会议向世界发表"人类环境宣言"。1981 年国际建筑师大会主题是"建筑·人·环境"。1992 年联合国里约热内卢会议通过"地球宪章"、"气候变化公约"、"保护物种多样性"和"21 世纪议程"。

在这段时期，大地艺术、环境艺术、环境美学还是建立在西方传统哲学、人类本体论思想体系中。最活跃的艺术家克里斯托和珍妮夫妇创作了大量的捆扎包裹艺术——包扎巴黎的一座桥、包裹德国议会大厦、包起海岛、在大峡谷拉起巨大的篷布分割自然。艺术家在沙漠做图案，在麦田做图形，把人的主观意思强加给自然。如同我们常见的草坪球型树、冠矩形的植物篱笆墙。

1990 年 7 月 31 日，科学家钱学森给吴良镛教授的信第一次提出"山水城市"的概念，他在信中写道，"能不能把中国的山水诗词、中国古典园林建筑和中国的山水画融合在一起，创立"山水城市"的概念？"马岩松在一次偶然的机会中读到这封信，他从此开始对"山水城市"这个理念进行研究和实践，并在每个项目里从自我的知觉、感受、感悟中寻找灵感，不断加强感觉的深度，发现并创造出与环境相一致的精神意境载体。

马岩松成长的另一条路是他在现代主义建筑文化道路上的发现，那条线是对自然环境的尊重，人通过建筑在自然环境中传达诗意。

现代主义的摩天楼发源于芝加哥，又在纽约达到顶峰，纽约也因此成为世界级的城市。1936年赖特设计了"流水别墅"，有意将现代主义建筑语言的房子放在瀑布上。在现代主义资本和权力的摩天楼蜂拥而起的历史上，这个小房子回到了自然。这是西方建筑文化上历史性的事件。1950年路易斯·康的"索克尔生物研究中心"真正创造出建筑空间的诗意，这是他多年不断追求的精神境界，他的诗意是带有宗教意境的气氛，是他开始了建筑与天地的对话意境。1950年，柯布西耶晚年的作品，朗香教堂让宗教建筑有了人性的诗意，那个像手又像帽子的建筑，实际已经是写意的味道了，仿佛随意为之。

1957年现代主义风风火火的时候，沙里宁从废纸堆里看到了悉尼歌剧院落选的37岁丹麦人约恩·伍重的方案。大家认为这是大海中的贝壳、风帆，他的设计原本是橘子瓣。这又是一个现代主义设计与自然对话的诗意作品。是不经意被发现的。但这还没有引起人们对建筑设计的诗意作出系统的理论探讨和发展。还有个有趣的问题，悉尼歌剧院的橘子瓣式的风帆结构技术问题解决不了，最后是从球体上切割下来的，这还是几何秩序。然而今天，马岩松用写意随性的线的语言，设计了"浮游之岛"、"假山"、鄂尔多斯博物馆等等一系列作品，恰恰是网络信息时代的参数化设计手段，开启了他的写意语言，意境艺术的道路。

38年后是安藤忠雄的"水教堂"（1988），宗教建筑的尖塔被柯布西耶拿掉了，安藤忠雄将柯布西耶的帽子也拿掉了。他的宗教意境是在水，在天中，显然是东方人面对自然的思想进入了西方建筑文化体系。但是安藤忠雄的建筑语言还没有走出现代主义的几何秩序。

回到自然怀抱是历史的必然，不是策略、方法、手段问题，人与自然的和谐一致也是历史文明阶段的到来，是东方文化接过现代主义建筑文化，开启东方写意语言的意境艺术，是中国建筑文化走上建筑历史舞台的开始，不是本土的，是人类文明建筑文化的一部分，是文化多元共存。

马岩松从"浮游之岛"开始的道路，是在实践"山水城市"这一东方文化思想。从 9·11"浮游之岛"到"鱼缸"，"梦露大厦"到"鄂尔多斯美术馆"看马岩松的精神思维特征，在他学习创作那么短暂的经历中，并没有什么特别突出的预兆，好似突然间迸发出一片浮云样的设计方案"浮游之岛"，其中，西方文化的几何秩序不见踪影。我想起铃木大拙的一句话，"禅绝对不是一个以逻辑分析为基础的体系，它其实是逻辑的对立面，我所谓的逻辑是指二元论的思考模式"。

最近，朱青生与甘阳的一场辩论中，甘阳有一句话说得好，"但我仍然感觉齐白石就是本能，在艺术里不能低估艺术本能强劲冲动的东西，我不太能感觉到齐白石是对西方艺术有非常强的认识，然后自觉地去构建一个和西方美学不同的东西"。马岩松不见得对禅和西方文化有多深刻的理解，但他从小生活在北京这一古老文明的城市，在这样的社会文化影响下，再就是他人格上的特点——对社会事物整体上的情感冲动和叛逆，构成了他的 MAD 特质。

2015 年 5 月 2 日

于 尚东庭

前言

建筑师没有必要非要写作，因为文字本身有它独特的魅力，而建筑师应该与此保持适当的距离。就如同艺术和音乐，建筑也是如此，它有自己的语言来承载所要表达的思想，过多的文字阐述没有太多必要。

如果总结一下我有限的文章，这大概就是从 2005 年至今的所有了。我的写作不多，谈不上是学术文章，只是偶尔有了感觉和冲动记录一下感想，其中大部分还是以口述然后整理为主。

其中有一篇，是因为一个叫《鱼缸》的作品而写。这是我唯一一篇写的有点像一首诗的文字，也可能是因为当时思路漂移，感想万千。文字和作品一样，几乎是同时记录了那一刻的情绪。

我对鱼和水之间的那种模糊的，不确定的关系着迷；我想知道它们的想法，但不知道如何建立起这种对话；如果和自己对话，又经常会对周遭的环境感到不安。好像总是在一种矛盾的、不明确的状态中，才会产生出强烈明确的冲动。

这个所谓非理性的成分，对我来说比较重要，建筑成了感知和情感的表达，它和时间、地点、人物、季节，甚至心理状态，都有了关系。这种感知和冲动其实本来是极其个人的，但当它转化成公共建筑和印刷的文字时，它们就不再是自己的了。

目录

第一章

浮游之岛的开始

２００３年

浮游之岛，纽约，2002

纽约不需要华盛顿那样的纪念碑，对纽约人来说，最好的纪念就是发展。

2001 年我正在美国耶鲁大学上学，9 月 11 日早上 8：15 分左右，电梯里有人说离我们不远的纽约世贸中心刚被飞机撞了，当时以为是事故或意外。系主任 Robert Stern 的课正上着一半，Jean 冲进教室，跟 Bob 说耶鲁校长要召开紧急会议。我和同学上网看怎么了，这时第二架飞机早已经撞上了世贸大厦。我们看到了实况，楼已经坍塌。当时没人会想象到这两栋楼会以这样的方式消失，这是灾难性的事件。当时所有的人，包括美国人和我这样在美国待着的人都惊了。

第二年，我做了毕业设计，叫"浮游之岛——重建纽约世贸中心"，导师是扎哈·哈德迪（Zaha Hadid）。同时还有弗兰克·盖里（Frank Gehry）的一个课题，也是跟世贸的设计有关系。当时我们的出发点，并不是要做一个纪念碑或纪念物，而是要研究一种新的可能性，不论是功能的、文化的或建筑和城市角度的，我希望尽可能地抛开感情和政治的因素。对于我这种比较感性的人来讲，我关心纽约人到底想什么。纽约人跟其他地方的人不同，他们不需要形式和表象的东西，不希望生活在过去。纽约不需要华盛顿那样的纪念碑，对纽约人来说，最好的纪念就是发展。

我的新设计其实跟老的世贸中心没有什么形象上的联系，甚至我还认为老世贸中心的倒塌是一个改变曼哈顿区很多城市缺陷的机会。扎哈推荐我的作品给纽约媒体，而后媒体对我作品的报道和纽约人对重建方案的关注，是出乎我意料的事，而在中国这个报道成为了一个非常具有新闻性的事件。

北京，我的迪斯尼乐园

2004年

北京鸟瞰（图片来自网络）

虽然没有被规划和设计过，但是我一点也不介意在"非官方"区里的生活，生活惬意而自由。地道、屋顶、狭缝、大树、院落和小朋友们，这个游乐园简直就是天堂，真同情那些生活在高墙内的人们。

北京是我出生的地方，我的童年搬过几次家，也就是从王府井的胡同搬到西单的胡同，西单的胡同搬到沙滩的胡同，再从沙滩的胡同搬到美术馆的胡同。我喜欢搬家，每次都好像搬到了一个新的天地。后来因为学习和工作，干脆搬到芝加哥、纽约、伦敦，这才发现，原来以前那个精彩的世界并不大。

北京对我的童年来说像一个大游乐园。这个游乐园基本分为两个大区，官方区和非官方区。官方区指的就是天安门、故宫、中南海这样的经过严谨规划的大型政治性城市内容；非官方区就是在高大的紫禁城墙外突然呈现的大片低矮，没有颜色（灰色），没有形态的平房、胡同。我当然是生活在非官方区，当时还以为官方区也就是游乐场里不同的游乐项目而已，后来才知道，两个区之间形成的巨大反差是古代统治者和城市规划师的一个重要"设计理念"，在这里，设计师完全服务于权利和统治阶级，帮助他们改变了城市面貌，将官方和非官方的反差表达至极限。

虽然没有被规划和设计过，但是我一点也不介意在"非官方"区里的生活，这里惬意而自由。地道、屋顶、狭缝、大树、院落和小朋友们，这个游乐园简直就是天堂，真同情那些生活在高墙内的人们。

新北京的情况变了，所谓的民主空间根本从未再出现过，旧的生活区没有生活条件的改善，反而被关起来供外国游客"胡同游";新的城市规划和建筑设计换上现代的外衣,却继续服务于民间掌权者想当"皇帝"的欲望,不断地建造高大的墙和所有那些隔阂城市的内容,让北京变成了一个与当代人开放、要求更多自主性的生活模式完全不吻合的空间形态。建造新北京不幸地沦为一个古老的概念——表象。

我和我的 MAD 工作室正在进行一项关于北京的设计研究,主要是试图通过人工水系这样的公共空间将北京现在的"官方区"和"非官方区"的界限模糊,甚至完全打开,建立新的、真正开放和人性化的城市结构。这是个激动人心的计划,我相信在未来的某一天会实现的。

绿轴，北京，2008

MAD 的瓷瓶酸奶

2 0 0 5 年 2 月

我很庆幸，这个经典的白瓷瓶不是因为看上去像什么其他东西才有的生命。

记得小时候最惨痛的一次拔牙之后，大夫说出去后要买酸奶喝。后来就开始一直爱喝这东西……直到去了美国、英国，哪的酸奶也不如这个好喝，就不知道为什么。后来一个在美国的北京朋友还让我帮忙往美国带瓷瓶酸奶，我这才知道，有这情结的，不止我一个。

今年春节，我特意给朋友们发了瓷瓶酸奶的电子贺卡，结果只有北京人或以前在北京呆过的人特兴奋，有的还回信质问我为什么没给发电子吸管！但是外地的朋友就会不知其故；甚至还有外国的一个评论家问我这瓶子是不是我的最新设计作品。

我的设计？我有些吃惊，他怎么想的，我可是建筑师，而且，这还用设计？后来在网上一查，竟然发现了很多爱喝这酸奶的人，他们实际上最怀念的是两件事：属于自己的充满着酸甜苦辣的童年，和这个白白胖胖的瓷瓶子。当人们把他们生活的经历和这个充满着的半工业半手工痕迹，简单粗糙的瓷瓶子容器连接在一起的时候，突然被赋予了各式各样的意义，抽象和功能性的形象变得有了生命和归属地，老北京、蜂窝煤、自行车、胡同四合院，这些属于每个人的记忆和形象，组成了空间的网，给了各自身份。

他认为这个瓷瓶是我的新设计，究竟是因为我们建筑作品一贯的抽象性，还是因为这个瓶子更像一个当代的先锋设计作品？我想如果它当时出生在纽约，说不定现在已经成了可口可乐闻名世界的经典包装。到底是因为它抽象的面孔给了它"国际性"，还是那白白的瓷和被皮筋儿扎着的印刷粗糙的封口纸给了它"中国性"？我只知道如果我能找到它，把吸管插进去，无论站在北京还是纽约的街头，都不会影响我好好地享用它。还好这个"不懂"设计的家伙没有像那些设计大师和专家一样，抄一个"欧洲现代风格"；弄一个"经典清代皇家尿壶"造型，再或者干脆发明一个"现代的清代尿壶"！总之，我很庆幸，这个经典的白瓷瓶不是因为看上去像什么其他东西才有的生命。

现在，这个白瓷瓶被陈列在我们的建筑事务所里，被视为英雄和榜样。

瓷瓶酸奶

我们的想法是将方盒子融化，为他们设计一个有更多表面和软边界、有更多的空间复杂性

他们不再是被玩赏的弱势对象，将可以有尊严地生活在只属于他们的空间里。在你睁大眼睛看他们的时候，他们也在看你。

一年前，几条街边的小金鱼搬进了我们的工作室，慢慢地他们也变成了 MAD 的成员。

这几个家伙一开始是住在塑料垃圾桶里的，在一个建筑事务所里居住条件这么差其实是件很说不过去的事，所以我决定给他们设计建造一个家。我们第一次可以按我们的方式将建筑的一些基本设计理论和方法完全实现。

我们发现，他们不喜欢方盒子鱼缸。我们用两台摄像机记录了他们在一个方空间的运动轨迹，然后进行分祯数字化处理。在他们的运动轨迹中我们发现，这些金鱼更喜欢外表面，当然他们真正想要的其实是自由，就像大都市里的人也向往自然一样，但生活在大都市里就不得不妥协。所以我们的想法是将方盒子融化，为他们设计一个有更多表面和软边界、有更多的空间复杂性——有大都市文脉的家。在这个新的家，他们不再是被玩赏的弱势对象，而是可以有尊严地生活在只属于他们的空间里。在你睁大眼睛看他们的时候，他们也在看你。

每个在大都市里生活的人是不是也面临着同样的处境？谁能够让你知道你需要生活在怎样的空间？你怎么表达你自己的意志和判断力？当你还无意识地生活在"居住的机器"中，就像街边的那些鱼，在别人的规则里，失去自由和自我。

我们的这几个小家伙搬到这个新家后越来越高兴，去年到中国美术馆里住了一个多星期，第一

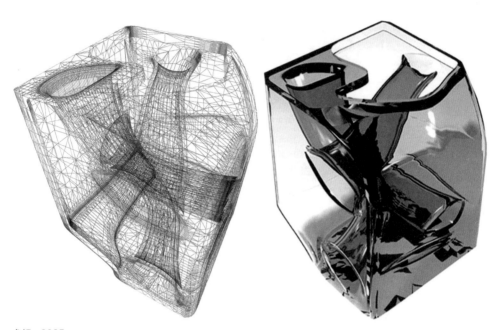

鱼缸，2005

次去看了那么多人和中国第一个建筑双年展；今年又跟着"GET IT LOUDER 大声展"去了深圳、上海和北京；明年还准备以"MAD in China"主人公的身份去威尼斯、巴黎、伦敦、纽约、东京，来一次世界旅行。

朋友们叫他们"疯鱼"（MAD Fish）。

我们用两台摄像机记录了他们在一个方空间的运动轨迹，然后进行分帧数字化处理

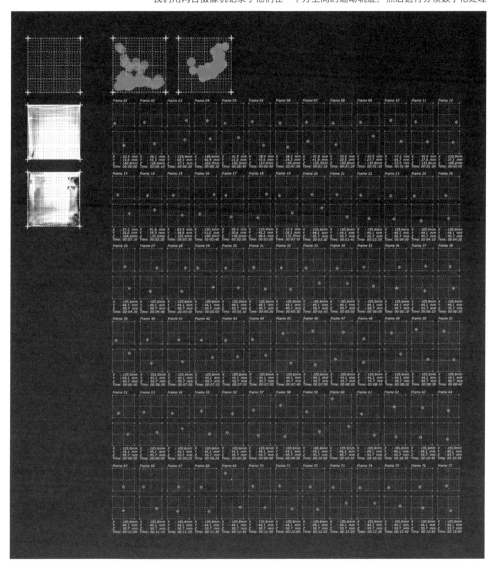

第二章

鱼缸

2
0
0
5
年

鱼缸，2005（摄影：方振宁）

我们在寻找

鱼在城市中的生活空间

人和鱼的状态

必须颠倒

鱼是主体

空间开始分裂

方盒子已经融化

低质量的方空间瓦解

机器的时代结束了

表面

继续融化

内和外在模糊中连续

管子的外表面 水的内表面

鱼

在更多的外表面中

在更复杂的空间中

游戏

空间饱和度不断增加

空气和水置换了

内外的概念弱化了

像在 INTERNET 的世界里

更开放

更有希望

维护权利的界限被软化

与方盒子为敌

不是和主流文化作对

平民是主流文化理想的拥有者

他们需要更多的关注

更多的自主性

北京 2050

2 0 0 6 年 8 月

北京 2050，天安门人民公园，2006

2008 年以后北京是什么样的？北京长期的目标和想象力在哪里？

在过去的很多年里，2008 年的奥运会已经成为北京的梦想和希望。随着 2008 的临近和梦想的实现，我们必须考虑，2008 年以后北京是什么样的，北京长期的目标和想象力在哪里。北京城从来就不可能与政治脱离关系。北京几乎所有的标志性建筑都是在几个现代社会的发展阶段突击建设的，建国十周年的十大建筑、改革开放、亚运会、奥运会……这些建筑有可能改变城市么？我们说的城市不仅仅是形象，而是每天生活在这个城市中的人的生活。我们希望可以引领人们去思考一下这个城市的未来，建立更长远的信心和梦想，这不仅仅是一幅美丽或丑陋的画面而已，这也许是一面镜子让我们可以更了解历史和当今的世界。那时候我们会相信这一切都会实现，在并不遥远的未来，2050 年。

天安门人民公园

今天的天安门广场并没有很悠久的历史，她几十年的变迁便是国家意志进程的反映。在成熟和民主的中国屹立起来的 2050 年，类似莫斯科红场的大型政治性集会和阅兵空间将不再需要，甚至有可能因为交通动力系统的改变，未来的交通都将不再依赖于城市表面的道路，而转为空中或高速地下交通。那么在结束了其政治和交通两大功能属性后，天安门广场在未来将变成一个什么样的空间呢？也许地面成为一个森林公园，而将大量的城市文化设施放置在地下与便捷的交通相连，国家大剧院藏在了一个"景山"中，消解了形式并与中南海遥相呼应。2050 年的天安门广场是一个每个人每天都愿意来参与的城市空间，不仅成为真正的人民文化中心，也将成为北京城中心最大的绿肺。

北京 2050，CBD 上空的浮游之岛，2006

CBD 上空的浮游之岛

北京的 CBD 是依照 20 世纪初现代主义革命前后的西方标准建造的，建筑高度被认为是资本和地位的表达，但本质的不同是，它完全没有 100 年前的西方人建造摩天楼时挑战技术和未来的野心，更没有任何试图为自己的未来建立新标准的意图。未来的中国高密度大都市是什么样子呢？我们认为我们更需要的是一种自由的连接，而不是分割，更不是简单地追求高度。将数字工作站、多媒体商业中心、独立飞行器停泊站、剧场、餐厅、公园、旅馆、图书馆、观光、展览、体育健身甚至人工湖等城市功能相混合，以水平关系设置，抬到 CBD 城市中心之上，将垂直城市软化，并连接起来。这个计划以新城市组织原则表达出我们对现代主义所提倡的"机器美学"和"垂直城市"等传统立场的质疑。

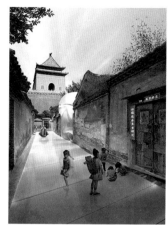

北京 2050，未来胡同，2006

未来胡同

历史是北京的财富，但如果不了解历史就等于什么也没有。北京的胡同是所有旅游者的天堂，但却是住在那里的没有淋浴和卫生间的北京人的地狱。现在他们正在逐渐被放逐到城市边缘，而富有的人可以占领他们的土地然后建设钢筋混凝土的四合院。我们希望世代拥有这块土地的人们可以在那里快乐地生活，我们有可能拆掉一些旧房子，也有可能在老城区中新建一些更符合当代生活的建筑，但他们会在尺度和空间上与其他的老房子相得益彰，给各自以生命。2050 年的胡同在乎人的生活，而不仅是在乎传统的形式。

一种自然的规则

２００６年１１月

X 住宅，纽约，2001

所谓的文脉在这里突然变得模糊和混乱，这种不清晰的状态成为了自然极其明确的特征。

在耶鲁上学时，我做过一个设计，是为一位纽约华尔街商人设计一所坐落在纽约州山区的周末度假别墅。也许当时对富有的美国人的生活还不是很了解，坐在他那所在纽约曼哈顿中心区的玻璃幕墙的公寓会客区里，我问他的第一个问题就是，你们在纽约有这样好的房子，为什么还想要另一个？

隔天我们来到了基地所在的山区，起伏的树林和湖面，与曼哈顿的都市特征形成了极大的反差，让人感到神秘而平静。所有人类文明的痕迹，现代主义时期最昌盛的"方盒子遗产"在这里都没有了踪影。这个对时间极不敏感的地区，唯一能让我们还意识到年代的是一台正在移动中的2000 年产梅赛德斯交通工具。那么这里的文脉是什么？是断裂的，而且必须是断裂的么？也许，我们不得不依靠于打破时间和空间的物理边界，来对这里的文脉做出最好的解释。换句话说，所谓的文脉在这里突然变得模糊和混乱，这种不清晰的状态成为了自然极其明确的特征。住在纽约这座极端城市化环境里的人拥有这个周末别墅的理由绝不简单是"窗外美丽的景色"，而极有可能是隐藏在这个表象下的自然界所具有的不同于大都市的特殊规则，或者是"弱规则"。

我们在现场踏勘的时候，我问业主，难道我们不会走直线么？因为在自然之中，我们的足迹是自由的，不确定的，是无法重复的，而不是城市里的直线、直角，那跟绘图员在他们的图板上用直尺规划的都市生活是完全吻合。那些街道和秩序制造了物理的和意识的墙，幻想一下如果你能穿过所有的物体，那么依照这样的足迹所绘制的将是一张完全不同的城市地图。

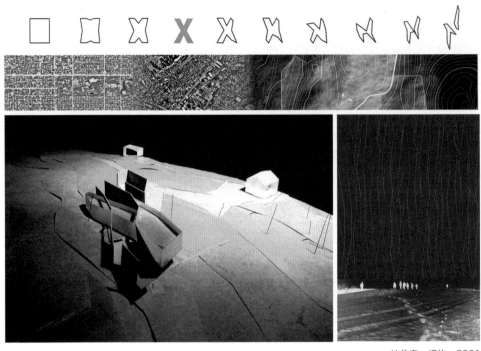

X 住宅，纽约，2001

现实世界中的规则是为了制造一种秩序，使生活变得可以被管理、被分享。秩序的历史和社会根源使很多规则变成了"缺省秩序"。赖特用水平屋顶下模糊的空间来回应城市和自然间这种规则的转变，密斯用钢和玻璃所实现的空间的流动和透明感来隐藏现代主义的反自然倾向。在各个时期，对既有规则的挑战，让人们寻求另一种生活的渴望越来越强烈。今天，我们不得不重新审视那些"缺省秩序"在自然文脉中存在的必要性。

五年以后的今天，我们在北京，这座每天都在膨胀的大都市的郊区得到了一个和纽约相似的机会——在山区的一个湖面上设计一个小的会所。这个距京城仅一小时车程的地方叫红螺湖，边上有著名的红螺寺，是一个幽静的自然风景区。红螺湖的别墅区分布在红螺湖周围，湖面中有一座穿过水面的木桥，红螺会所被建在这座小桥中间的一个 487m² 的不规则平台上，整个建筑漂浮

红螺会所，北京，2005-2006

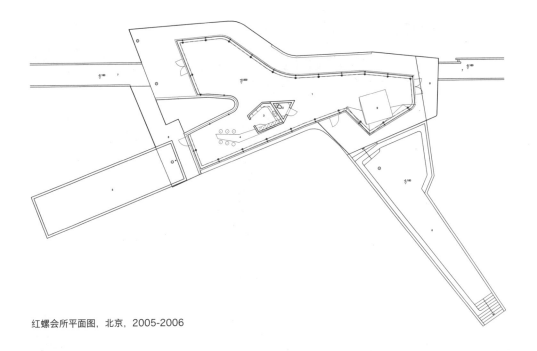

红螺会所平面图，北京，2005-2006

红螺会所，北京，2005-2006

红螺会所，北京，2005-2006

在湖面之上，映射着周围环山的景象，成为整个区域的中心。木制桥梁把位于水面的会所建筑和两岸连接起来，并将原来简单的线性路径变成了多种不确定的通过方式。一个连续的表面模糊了屋顶和墙壁的概念，像波动的水面一样自由地在水平和竖直之间扭转，把几个不同的功能区分开，同时也将它们连接在一起。跟随这个表面的运动，可以进入两个方向的四个分支空间：湖面水位线以下的下沉庭院，以及一个漂浮在湖水中的游泳池。下沉的庭院将人引至低于水平面1300mm的高度，穿过这里，仿佛身体的一半在水面下，当人坐下来，视线便和湖面保持水平。漂浮在湖面中的游泳池和周围的湖面也是水平的，他们之间的界限是模糊的。

红螺会所那近似于X的空间关系是由人在功能之间的漫步路线决定的，其中两条主要路线在建筑的中心主体处汇合，由一个变幻莫测的表面围绕，形成一个向上生长的三维有机结构，几乎成为一种由液态向固态的转变瞬间。在这个过程中，复杂的三维的结构又成为了连接所有空间的线索。

红螺会所，北京，2005-2006

所有这些空间和功能之间的模糊和不确定性是我们感兴趣的话题。在一个整体的空间中，不同部分被赋予了不同的属性，而它们之间的联系是没有明显边界的，在这些功能性模糊的区域里，规则和秩序变得很松散，远离现代主义城市体现出的明显的工业属性，而更接近于自然中的规则，或者说是弱规则。人们不是在强制地遵守空间所反映出的秩序，而是被鼓励有选择性地体验空间，发现新的秩序。这个过程中甚至还掺杂着空间使用者的创造力和灵感，甚至还包含感情和情绪等心理因素。这是一个不停变换的建筑空间，复杂的形体不仅反应了其周边环境的变换，也成为了人与自然的交汇点。

　　红螺会所考虑的不是现代主义时期所考虑的、怎么把都市建筑和自然结合的问题，而是认为建筑自己应该放弃其潜在的、缺省的空间规则，以新的逻辑去回应自然文脉，将建筑中的生活转变为在自然中的漫步。

接近自然的两种方式

2006年12月

梦露大厦，密西沙加市，2006-2012

住宅建筑本身就是对自然和环境的反应和强调，而高层建筑的设计更是对地理和社会环境的一种有力的陈述。所以我们要设计的是一个从多方面更接近于自然属性和社会属性的建筑，它不再屈服于现代主义的简化原则，而是表达出一种更高层次的复杂性、不确定性和模糊性。

　　1923 年，勒·柯布西耶在他的《走向新建筑》里说"住宅是居住的机器"。在战后的很长一段时间里，这句话都经受住了考验，无论是在法国人急需解决大量住宅的时候，还是后来德国人、日本人、中国人在不同时期开始他们的建筑狂潮的时候；无论是在高密度还是在低密度的城市里，也无论是在富有还是贫穷的地方，直到今天，连城市也快变成了机器。

　　我们正是在这样一个巨型现代主义的遗迹中工作的建筑师。当我们试图再一次把建筑链接到机器的时候，却发现机器这个概念几乎已经没有了。建筑以外的世界已经发生了翻天覆地的变化，身体、自然、信仰、理想，今天的人们正在从更多的角度来认识自己和这个世界。建筑的任务已经摆在面前，再没有必要引用任何的外来概念，尤其是没有必要再和盛行于 20 世纪的机器美学扯上任何关系。

　　MAD 目前在两座城市有两个正在准备开工建设的集合住宅项目，一个在加拿大多伦多，高密度、56 和 50 层的双塔；另一个是在北京丰台，低密度，两层。这两个项目，与住宅有关的是自然和身体，而不是工业。

　　加拿大多伦多地区的密西沙加市和世界所有迅速发展的城市一样，一直在寻找着自己的性格和定位。我们认为这是一个机会，它没有必要再像大多数的发展中城市一样梦想着变成大都市，

梦露大厦，密西沙加市，2006-2012

而是有可能反思自己地域的独特性，考虑用一种特殊的文化态度来回应膨胀的城市需求。

我们认为住宅建筑本身就是对自然和环境的反应和强调，而高层建筑的设计更是对地理和社会环境的一种有力的陈述。所以我们要设计的是一个从多方面更接近于自然属性和社会属性的建筑，它不再屈服于现代主义的简化原则，而是表达出一种更高层次的复杂性、不确定性和模糊性。

梦露大厦位于密西沙加市最重要的两条主干道的交汇处，它所具有的标志性将使这片区域转变为相对高密度的城市中心。在我们的设计中，连续的水平阳台环绕整栋建筑，传统高层建筑中用来强调高度和地位的垂直线条被取消了，那些被现代主义建筑师热衷表现在外表的高超的结构也被隐藏了起来。整个建筑在不同高度进行着不同角度的扭转，使更多的阳台向天空开放，也同时对应不同高度的景观文脉。我们期望，在人们欣赏或者争论它的同时，梦露大厦已经唤醒了大城市里的人对自然的憧憬，感受到阳光和风对人们生活的影响。加拿大的一位评论家在一篇报道

梦露大厦，密西沙加市，2006-2012

兴宫会所模型，北京，2005

中提到，"梦露大厦就像是穿着紧身晚礼服的玛丽莲·梦露，它性感的曲线不得不让你想到自然和身体，而不是我们已经习惯了的这个火柴盒一样的工业城市。"

位于北京丰台区的兴宫会所是两组坐落在公园边缘的低密度住宅群，和加拿大的高层、高密度住宅所面临的挑战相似，它一方面要以独特的方式与自然发生一种关系，另一方面也需要插接到大都市文脉中，成为都市文脉和自然文脉的过渡。因此我们认为得重新考虑"边界"的问题——"内"和"外"在不同的区域需要被处理成不同的关系；模糊性和明确性作为一种对比，被同时提出来。

我们设计了两组树枝般体系和层次的建筑群，规整的核心庭院与城市相连，人们从中心进入各个单体。在建筑内部，空间开始转换延伸，并与外面的自然环境联系起来，不同的空间面对着不同的景致。建筑的不规则边界也成了自然庭院的边界，而它的另一个边界是树林的不规则边界；而在树林的另一边却又是一道直线，形成了一道树林的墙。如果你在公园里，感到的只是两座树林组成的城，而完全不知道里面的玄机。唯一延伸到"树墙"外的是不规则起伏的地面，消失在周围的景观中；至此也就完成了城市 - 建筑 - 自然之间的关联和转换。

梦露大厦和兴宫会所是城市中两种不同的密度和规模的集合住宅形态，他们以两种方式表达了城市建筑向自然文脉转变的愿望，也表达出我们比较一贯的"反现代主义城市"思想，要反现代主义城市就得先讨论城市本身，这才让我们意识到有必要再提一下那句老话——"住宅是居住的机器"。

（原文发表于《城市建筑》2007）

沙丘上的博物馆

２００７年10月

鄂尔多斯博物馆，2005-2011

鄂尔多斯新城，2004-2007

　　中国真正的机会是，你可以把自己当作国家变革的一部分，和国家一起发展，这可能是最有意思，也是最有挑战的地方。

　　我们的办公室有这么一个项目，几乎都被人忘了，也可能是我们不愿意想起它，因为那地方离我们挺远的。我对它的印象，有一点莫名其妙的像在梦里的感觉，很不现实，如同灰蓝色的电影里那种遥远的场景。这个项目就是我们正在设计、也正在施工的鄂尔多斯博物馆。

　　这个项目是两年多前开始的，那时候我经常把项目和联系人搞混，而我们在这两年里做了一百多个竞赛和概念设计，这意味着我差不多见了一百来个业主，看了一百来块地。我也记不住当时是因为什么原因去的鄂尔多斯，还有几个建筑师，当中有几个外国人。这个地方离鄂尔多斯老城有十几公里，据说是要建一个新城区，里面有一个文化中心区，包括博物馆、图书馆、歌剧院等等——就是当时很多中国地方政府都在兴建的文化标志性建筑。

曼哈顿穹隆，富勒

　　出了城，我们开了大概半个小时的车，一直都在荒郊野外，我很纳闷，都开出来这么长的路了，这还能叫一个城市吗？正想着，车停了，我还以为谁要下车方便呢，后来政府领导说到了。这整个就是一个戈壁滩，除了一些植物和远处的山丘，就什么也没有了。接着，这个领导已经开始描述这个未来的城市，会有几十万人在这个地方生活，我们需要怎样的建筑，怎样的形象。话说到这时，我们还分不清东南西北，他突然指了一个方向说，那是他们马上要建的政府大楼的位置。当时我们没看见任何东西，走近才发现这块地确实已经被围起来了。估计那些同行的建筑师之前很少能遇到这种状况，有的人已经掏出手机给家里打电话；有的人在聊天，好像在嘲笑这个政府，也像在自己嘲笑自己，为什么来到这么远的一个地方，也有的建筑师在和政府领导激烈地争执着类似选址和可行性这样的技术问题。政府的人却像英雄人物一样地说，他坚信这个宏伟的造城计划能够实现，而且他说，他们现在很有钱。后来在我们看完地吃饭的时候，他接着说，对他们来讲，每年最大的困惑是如何能够在内蒙古自治区的经济排名中不要那么明显地显示出他们的富有；最怕的就是花不出去钱，或者他们这个城市建设的突然发展，可能会让其他本来排名很靠前的城市的领导感觉到没面子。

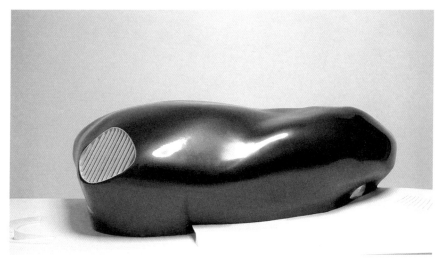

鄂尔多斯博物馆（摄影：方振宁）

　　回到北京，我们开始做方案，我突然想起了一个很有意思的画面，就是富勒，这个伟大的幻想家和结构大师，他在晚年时给纽约的曼哈顿做过一个很大的玻璃穹顶，把大半个城市都罩了起来。后来有一个导演把这个构想转化成了电影场景，那个故事讲的是在未来，接近世界末日了，整个地球只有这个玻璃罩子里的地方才能达到人类生存的最低标准，在这个罩子以外，病毒已经泛滥，条件不允许人的生存。实际上，我之所以想起了这些场景，是因为我在鄂尔多斯看到了这个新城的规划模型，它的题目叫"草原上升起不落的太阳"。据说这是在一个国际竞赛中获奖的方案，当时鄂尔多斯市政府邀请了几十家国内外设计公司，获得一等奖的是一个新加坡公司。从"草原上升起不落的太阳"这句话，就能知道设计师完全明白了政府的心愿，设计了由城市中心广场发射出的一系列象征阳光四射的绿化景观；但是它不同于巴黎那样的发散型城市规划，它仅仅是一个图案，尺度巨大，在城市空间上没有详细的考虑。我认为那是一个很低级的规划，在这样的城市里设计一个建筑是很危险的，就好像如果把毕尔巴鄂的古根海姆博物馆搬到一个迪斯尼乐园里，它会立刻丧失原本的文化价值。所以当时我的想法是，如果将来整个城市是一种如同充满了病毒一样让人窒息的场景，那么我所设计的、放入其中的建筑，就应该更关注它的内部，我

鄂尔多斯博物馆，2005-2011（摄影：马岩松）

鄂尔多斯博物馆，2005-2011（摄影：Iwan Bann）

更需要一个富勒的保护罩，把内部空间保护起来。我们决定设计一个壳体，里面的几个展馆分开，一个公共空间可以自然通风，阳光可以从顶部直接射到室内，人走进去以后完全是置身于一个既远古又未来的世界，让空间和时间之间出现一个洞，而外壳则是由反射金属百叶包裹的，我们希望它能把周围的丑陋画面经过变形后反射回去。

出乎意料的是，政府一个官职最大的领导人，在全市所有领导的反对声中做了最后的决定，说新城的博物馆就选定我们的方案，因为它"很新颖"，它代表着未来，它像蒙古的一块石头一样坚固，代表着时间的积累。这个消息对我们来说是意外的惊喜，虽然没有向政府讲述我们的构思过程，但是，政府已经从这个图形中读懂了另一个意义，就是他们所盼望的一个和"不落的太阳"一样象征性的意义。我不知道他所讲到的石头概念，是不是他在以一种很有智慧的方式来说服其他反对的领导。

鄂尔多斯博物馆，2005-2011
（摄影：Iwan Bann）

　　我清楚地记得，在我第二次去这个城市时，我很希望能像其他那些职业建筑师一样，站在这个项目的工地上，跟领导描述这个建筑未来的场景。到了那儿以后，我居然看到政府的大楼已经封顶，周围的道路系统，真按照"草原上升起不落的太阳"那张图画的那样建好了。这让我真不得不佩服政府的执行力度。陪同我们来的政府人员说，书记已经决定，九月份的时候所有的政府部门都要从老的城区搬到这个新的大楼里，当然，他们下了班以后，还得坐班车回老城，因为，这个地方，除了政府大楼之外都只是工地，但他们要在这里看着整个城市拔地而起！

　　后来，我无意中从凤凰卫视看到了鄂尔多斯市委书记在香港招商引资时的一段采访。他穿着西装，头发也很亮，很有风度地介绍着鄂尔多斯的旅游资源、能源和政府的各种优惠政策，希望吸引全世界到这个地方投资。我觉得他是很有梦想的政治家，他完全不是我们脑子里"蒙古人"的形象。

鄂尔多斯博物馆，2005-2011（摄影：Iwan Bann）

当时的鄂尔多斯是一个连机场都没有的城市，所以我们每次都得先乘飞机到呼和浩特或者包头，然后再坐几个小时的汽车。经常因为大雪，周边城市的机场也会关闭。我们不得不从北京开将近十个小时的车去那里，还经常住在没有暖气的酒店。有几次都是半夜到的，在昏暗荒凉的大街上开车，有一种《新龙门客栈》电影里的感觉。甚至有一次宾馆停电，党群还被关在电梯里面。我们每次都发誓再也不来这个地方了，但是下一次还是会去。

在这么一个城市建造这么一个复杂的建筑几乎是件不能想象的事——施工的难度太大、施工速度也快不起来。前一阵还竟然发现钢结构都发生了错位，原来施工厂家根本没有国家的施工资质，导致了短暂停工。粗放型的建设风格和一个需要精确建造的建筑发生了可怕的冲突。现在并不是能不能有一个好的细部的问题，现在的问题是楼板能不能和墙面连接，楼梯能不能上到另一层。我越来越发现，自己已经被卷进了一个急流中，从两年前看荒地的那天到今天，中国城市的飞速疯狂发展竟然在西部也表现得如此淋漓尽致。据说鄂尔多斯的机场上周已经投入使用了，这

鄂尔多斯博物馆，2005-2011（摄影：Iwan Bann）

样我们下次去那儿的时候就可以从北京直飞了。

鄂尔多斯博物馆

MAD 设计的鄂尔多斯博物馆近日落成，它好像是空降在沙丘上的巨大时光洞窟，其内部充满自然的光线，正将城市废墟转化为充满诗意的公共文化空间。

六年前还是一片戈壁荒野的内蒙古鄂尔多斯新城今天充满争议，而争议本身已经将其置于更广泛的中国当代城市文化反思的焦点，它让公众重新理解地方传统和城市梦想的关联和矛盾，同时，也迫使我们理解那些被边缘化的地方文化所爆发出的对未来深切的渴望。2005 年，在一片荒

鄂尔多斯博物馆，2005-2011（摄影：Iwan Bann）

鄂尔多斯博物馆，2005-2011（摄影：Iwan Bann）

野上建立一个新城区的城市规划图制订后，MAD受到鄂尔多斯市政府的委托，为当时尚未成形的新城设计一座博物馆。

受到巴克明斯特·富勒（R. Buckminster Fuller）的"曼哈顿穹顶"的启发，MAD设想了一个带有未来主义色彩的抽象的壳体，在它将内外隔绝的同时也对其内部的文化和历史片段提供了某种保护，来反驳现实中周遭未知的新城市规划。博物馆漂浮在如沙丘般起伏的广场上，这似乎是在向不久前刚刚被城市景观替代而成为历史的自然地貌致敬。市民们在起伏的地面上游戏玩乐，歇息眺望；甚至早在博物馆还未完工时，这里就已经成为大众，儿童和家庭最喜爱的聚集场所。

在步入博物馆内部的一刹那，好像进入了一个明亮而巨大的洞窟，与外界的现实世界形成巨大反差的峡谷空间展现在眼前，人们在空中的连桥中穿梭，好像置身于原始而又未来的戈壁景观中。在这个明亮的峡谷空间的底层，市民可以从博物馆的两个主要入口进入并穿过博物馆而不需要进入展厅，使得博物馆内部也成为开放的城市空间的延伸。

内部的流线是一条游动在光影中连续的线，时而幽暗私密，时而光明壮观，峡谷中的桥连接着两侧的展厅，人们在游览途中会反复在穿过空中的桥上相遇。明亮的漫射天光使得博物馆大厅完全采用自然光照明。博物馆外墙采用大面积的实体墙面和铝板以抵御鄂尔多斯严寒和恶劣的天气。一个南向的充满阳光的室内花园成为办公和研究空间的中心，在提供良好小环境的同时也给室内空间提供了一个隔离层，减少热损失。

博物馆的建成为一个高速发展的城市带来片刻的喘息。人们在这个传统和当代艺术相融合的充满生机的空间里相遇，一同开始他们的时空旅程。

（译自《疯狂晚餐》ACTAR 西班牙 2007）

第三章

曼哈顿的明天

2
0
1
4
年
10
月

"零基地",9·11纪念公园

曼哈顿汇集了各个时代最伟大的摩天楼，如果要讨论未来的大都市，似乎应该从纽约开始。

纽约这座城市一直以来就特别吸引我，因为它是很多现代城市的典范，它非常复杂，充满矛盾和生机。曼哈顿岛更是汇集了各个时代最伟大的摩天楼。纽约，代表它城市精神的东西，一个是世贸中心，一个是帝国大厦，再有就是中央公园，我觉得这都是非常了不起的。帝国大厦是1930年动工，1931年落成的，那个时候建那么高的楼，需要非常高超的技术和巨额资金。当时的苏联要建苏维埃宫，结果因为没钱没技术就没建起来。不过我倒觉得那些都不是最重要的，规划纽约的人，他的"理想主义"才是关键，尤其是中央公园，有中央绿地的城市很多，但它那么极致，它所具有的气质、野心是独一无二的，这也形成了纽约的灵魂，让来自不同社会、不同文化的人来到这里都会有一种认同感和归属感。这种归属感不只是属于那些常年生活在一座城市里的人，还有那些过客，那些新来的人。

曼哈顿汇集了各个时代最伟大的摩天楼，如果要讨论未来的大都市，似乎应该从纽约开始。我希望能在纽约找到足够疯狂的人，让我能实现我对未来城市的设想，于是便有了一次与纽约地产商的会面。

那次的会议在新建的世界贸易中心7号楼的顶层，可以从40多层向下俯瞰整个"零基地"（Ground Zero）。这是我平生第一次从这个角度看这里："9·11"纪念公园被几栋已建成的高层办公楼围绕着，公园里面有两个正方形的深坑，那是世贸中心遗址。这两个坑让周围的气氛骤然凝固，变得极为肃穆。它们是曼哈顿岛上的两道伤痕，深深地、永远地刻在了纽约人的心里。不知道具有激进气质的纽约人怎么看它，在我看来，这两道伤痕彻底改变了这座城市的基调。

浮游之岛，纽约，2002

在演示方案时，我谈到了我的设计想法，自然也就谈到我对摩天楼缺少人性而沦为权力资本象征物的批判。其间我不经意地指了一下窗外那几栋正在建造或者刚完工的新世贸中心大厦，说："难道这就是纽约的未来吗？"这些楼在我眼中简直就像某个中国二线城市最程式化的摩天楼，有着庞大的体型和平面，最大化的土地利用率，简单粗暴的玻璃幕墙，外表还蹩脚地做了一点折面处理，试图掩盖它创造力的匮乏。介绍完我的作品之后，我能看出这位地产商惊讶的表情，他说我这样的设计只有在中国才能实现，纽约还是有它自己的规则——言语之间好像纽约的这个"规则"相对更有高度。我猜想他的保守和傲慢应该跟他每天面对这个纪念碑式的公园有一定关系。

如果"9·11"没有发生，纽约现在要考虑的一定是一个能够超越双子塔、并能真正代表新时期城市文明的作品，而不是在悲壮的气氛中走下坡路。

过去的一百年间，曼哈顿的这些摩天楼寄托着人们不同时期的梦想，记载着文明的变迁，也是我们从学习、批判到挑战的对象。那么未来大都市的变革是不是会从自然和人之间的基本关系开始？我感觉，这样的新思想最终会指向一个新的城市文明，也许这不会从纽约开始，而是在中国。

光明城市
——
马岩松对话杰罗姆·桑斯

超级明星——移动中国城，2008，"非永恒城市"，第 11 届威尼斯建筑双年展

J.S. = 杰罗姆·桑斯

M.YS. = 马岩松

J.S.：你在哪里长大的？

M.YS.：北京

J.S.：哪一带？

M.YS.：我和奶奶以及我父母分别住两个四合院。一个在西单，一个在王府井。

J.S.：你两边住？

M.YS.：有时候我生奶奶的气，就会到长安大街上乘公交车从东边去西边。我在两边各有一圈朋友。一次我把我父母那边的一个小孩带到奶奶那边，对他来说可是个长途旅行。

J.S.：当时已经从一个建筑到另一个建筑了？

M.YS.：两边的胡同都是小规模、人性尺度的，我们喜欢在屋顶和树上玩儿。从一个区到另一个区真是一次冒险。两个地方都在长安街旁边，但比例会完全改变。小时候从西单到天安门广场觉得好像是在跨越海洋。感觉每个地方都是完全是孤立的，像岛屿。

J.S.：从四合院到大尺度的环境中，变化很大？

M.YS.：我认为是两个极端，两种尺度：一种是与自然相连的人性尺度，另一种与政治有关——象征性而空洞的。

J.S.：近十年来这种规模上的变化如此之大。

M.YS.：人性尺度正在消失。我最近去过这两个地方。西单的地方还在，但已经被高楼包围。另一个在王府井附近，两年前被拆了。现在是一个停车场。我猜它很快会变成一个购物中心。

J.S.：许多外国人批评胡同的消失，称这是摧毁过去剩下的最后的痕迹。他们认为中国人不关心这样的历史。你如何看待胡同？

M.YS.：我十几岁时，附近有几栋用砖和混凝土修建的六层高的楼房，每个人都想搬进去住，

胡同泡泡 32 号，北京，2009

因为那时的人们认为，这才是现代生活、都市生活。没人想留在环境糟糕的胡同里。直到现在，胡同也一直没怎么变。

J. S.：　可以讲讲胡同的特定环境吗？除了外国人能看到的迷人外观，胡同的真正意义是什么？

M. YS.：　[笑]在胡同最愉快的经历，就是冬天你必须跑到街上、走出大概100米去找公共厕所。那些厕所还可能有危险，因为每个都是一个坑。还有，大多数四合院没有中央供暖。以前的四合院是私人的，一家一个院子。文革后不得不几个家庭分住一个院子。空间缺乏和房间的拥挤使人们在院子里非法扩大私人空间，不断添加各种小建筑。现在还可以看到很多四合院里的临时搭建。生活和美学质量都很差。

我认为胡同的真正意义不仅是一个建筑问题。它们不像欧洲古老的石质建筑要永远保存下去。中国传统建筑是木制的，这本身就涉及到寿命和回收的理念。它们是城市的细胞，和人体的一样，应该不断更新以保持城市的健康。

北京城里有意义的是建筑的布局与组织，以及四合院和社区生活。大多数的胡同房屋没有太多建筑价值。我们应该努力保护的是社区和居民之间的社会关系。一旦维护人与人之间关系的私人空间缺乏时，公共空间和房屋本身变得毫无意义。老北京作家老舍写道："老北京的美在于建筑之间有'空儿'，在这些'空儿'里有树有鸟，每个建筑倒不需要显示自己。"

北京的生活非常不平等。有些人住大房子，有些人住小房子。有些人仍然没有暖气或厕所。现在许多四合院被富人翻修并独占。政府应该做的是恢复和整顿老区，而不是交给市场操作。市场化途径的直接结果，是富人搬进来把老百姓挤出去，胡同里的生活就丢失了，它们成为孤立的别墅。当今的商业区显然是一种矛盾的迹象——政府在他们拆毁的真正的旧街区上建造假的传统建筑和豪华餐厅，特别假，我称它为中国的"中国城"。它们看起来像一个主题公园，没有真正的城市生活。

　　J. S.：你提到一个从公共社区到私有化的住房制度。你认为存在一种潜在的风险吗？北京逐渐变成一个出售别墅和私人公寓的地方。很难看到哪里有人们可以见面的公共空间。除了高速公路还能在哪儿见？我们越来越生活在自己的泡泡里，从房子、汽车到办公室再回来。你认为中国新的公共空间是什么？有新的公共空间吗？

　　M. YS.：我认为这个问题有两面。一方面，今天的城市规划并不鼓励公共空间的重要性，因为此类空间不能直接产生房地产价值。只有楼房和街区能产生此类价值。目前，我们的城市规划管理正在经历一个非常粗放的阶段。在二线城市更是如此。另一方面，人们不愿意见面，宁愿选择独处。人们在公园里相遇或擦身而过，却不会交谈。当今社会需要更多的隐私，甚至在电梯里碰到一个邻居都会令我们不安。尽管如此，你仍会看到很多老年人每天在街道拐角处或公路桥下聚会和跳舞，他们急于找到自己的公共空间，我们称之为"被遗忘的一代"。

　　J. S.：这种城市化的无政府状态很有趣，但在欧洲它会失败。奇妙的是，在中国没有规则反而成为规则。

　　M. YS.：我想现代都市主义在中国是一个新事物。大城市是一个非常复杂的系统，就像人体。在中国，我们现在只关注肉，忽略了骨头、血液和神经系统。将来，当所有的建筑盖起来时，他们将不得不考虑这些建筑物之间发生了什么。当你比较巴黎、纽约和北京，你可以看到目前北京新区的规划是多么粗糙。但老北京并非如此，那是一个雄心勃勃的总体规划，像一个城市生活与山水交融的人为园林城市。一个城市是一个你可以有精神联系的地方。

　　J. S.：城市是一个身体，如你所说，身体有能力纵向和横向地不断增长、膨胀，那么我们如何确保城市会以正确的方式扩展？

　　M. YS.：我们假设更多的人会愿意住在新兴的大城市里。如果我们都曾经喜欢住在有绿树的老北京四合院，面临的挑战则是，如果必须扩大100倍怎么办？可能有办法解决所有技术问题、交通、基础设施、能源、安全……可就算它有一个健康的身体，城市的灵魂是什么？每个城市最初都是由哲学和梦想建立起来的。城市没有灵魂就会死去，不管它有多大。

我认为北京起初的独特性是自然和秩序的混合，城市由此变成了一个园林。我们为什么不调查一下一个2500万人的园林城市应该什么样？

J.S.：我生活在北京CBD，恐怕很快就没人能从我住的32层的高楼看到窗外的景观了。公寓由于新建筑而失去它们的景观。有个永久的问题：景观会持续多久？没有人知道这将发展成什么样。

M.YS.：开发商和规划师可能知道这一点，实际上他们有责任考虑它。不幸的是，你只会看到更多其他大楼的窗户。与纽约相似，CBD区域是资本化的符号。里面的居民按楼层来分类，高层的景观视野应该会好些。

J.S.：我的意思是这个城市的特性是你无法控制你的未来，而在西方人们会提早被告知将来可能发生的变化。

M.YS.：是的。我听说在西方，社区居民甚至对城市规划和建筑项目有发言权。在中国我们也提供意见，但之后就不知道这些信息去哪儿了。我认为CBD是一个极端的例子，因为它是北京最大的一片建设开发地。政府负责主持类似设计竞标这样的事，开发商注入资金。政府会选择那些城市规划批准的设计，开发商只能在购买土地的同时接受这些项目。对于建筑的设计，开发商没有选择权。

J.S.：如果你要根据当前中国的景观给北京下定义，你会如何描述北京的特征？

M.YS.：北京是一个有深厚历史的城市，并且它相当开放。居民的多样性一直存在：穷人、富人和有权有势的人。它对每个人都是开放的。北京有很多社区，城市景观也根据不同的区域而

北京 2050，CBD 上空的浮游之岛，2006

变化。你可以舒舒服服地在这座城市里那些具有自己文化的区域过日子，有些人从没离开过他们的社区。

但最打动我的还是设计成园林的老城部分。规划城市中心时就建构了人造的山水和自然。我小时候放学回家要路过银锭桥、什刹海和景山。老北京被规划得好像是紫禁城旁边一个巨大的园林，这真是乌托邦。从这个意义上，北京的市中心对每个人都很欢迎。我在想我们怎么能把这种感觉和哲学延伸到城市的现代部分。

J. S. ：但北京不像温哥华——有自然、山和海，没有污染。对我来说，北京更像21世纪的新纽约。纽约是美国梦，北京是中国梦。在美国我们看到的是大，现在在中国，我们看到的是巨大。

M. YS. ：它的规模只表明了资本有多么集中。我认为曼哈顿的规划是强大的。中央公园很疯狂，高楼大厦包围着那片巨大的绿色空间，就像老北京凭空建起山脉和湖泊那样，强大、雄心勃勃。造高楼很容易，盖超高层在今天更是如此，不涉及什么新想法。我看过一些开发商做的中国新CBD，直接把芝加哥CBD的图像往宣传册里那么一摆：他们在中国做美国梦呢。他们一开始就放弃了表达自己想法和野心的机会，根本不思考一下什么是中国的新都市化。他们永远不会想到要建个中央公园这类的免费供公众享用的巨大空间。北京的规划者讨论的是公园是不是该免票。人们仍然没有长远的目光。如果北京的规模再变大，我怀疑他们还会有什么大创意。北京能超越现代主义吗？

J.S.：正是，21世纪的新城市应该什么样？

M.YS.：关于城市规划，人们没功夫潜下心来做研究，没功夫做真正的创新。城市看起来都一样，真是一场灾难。做这些不能没有思想。

我去过很多城市，但北京的老城区有一种诗意而独特的感觉。是一个为人设计的景观。我对"景观城市"非常感兴趣。我自认为是个有反叛精神的人，常常否定所有其他人提过的观点。但是，钱学森（1911—2009）提出的"山水城市"，我个人认为很了不起。他曾质疑："难道我们未来的城市就是钢筋混凝土的灰色之城吗？"同时，这几乎已成为所有城市的现状。问题很明显。现在我关心的是：在未来的城市和建筑里，人与自然之间的关系在精神层面上意味着什么？对我来说，建筑应该在人的情感和环境中起到作用。这与西方的大都市文化是有冲突的。我不知道是否有一种更好的方法来研究它。可能有些人花费一生时间也找不到肯定的答案，但这正是我感兴趣的。

J.S.：你是怎么成为一个建筑师的？为什么？

M.YS.：其实我开始申请的是北京电影学院，但那儿的一个教授跟我说："你最好做建筑"。我并不知道建筑学是什么——以为是设计传统亭子什么的。总之，我开始学习建筑。

J.S.：你当时对什么样的电影感兴趣？现在呢？

M.YS.：我对有关未来和未来生活的电影感兴趣。我也喜欢像《阿甘正传》这类的电影。那是一个非常美丽的故事，同时它传达了美国的价值观。它提供了一个视角，以便我们选择未来社会的价值观。我想以积极的视角设想我们未来社会的价值观。我喜欢带给人们希望的电影。

J.S.：可以说电影是一种建筑吗？你进入并在里面转悠，就像是进入了一种建筑空间。

浮游之岛，纽约，2002

M. YS.: 可以这么说。其实我们早期实践时设计的房子都是不可能真盖的，所以人们管我们叫"纸上建筑师"。我们的作品大多是虚拟的。电影和建筑的区别在于电影能够表达时间以及人的情感。电影可以做得如此逼真，让观众相信它。有时我会想，为什么中国连一部关于未来的电影都没有，或许因为未来很难预测和验证。所以我觉得虚构作品就是建筑，只不过建在人们脑子里。

J. S.: 你认为这是因为人们害怕未来或迷恋过去吗？

M. YS.: 过去对人而言更熟悉、更可控，而想象是有风险的。你一试图想象未来，问题就可能出现：什么是对的，什么是错的？

J. S.: 你如何看待电影和你现在做的建筑之间的联系？

M. YS.: 电影制造一种虚拟现实——它看起来很真实，并且人们相信电影里所发生的事情，实际上这些事还没有发生在现实世界中。这点与建筑不同。电影制作就像完成一个还没开始施工的建筑图，而在城市里建造一个真实的东西需要大量的时间和社会资源，所以最糟糕的情况是它根本无从实现。但我现在对拍电影还是很感兴趣，因为电影和建筑之间有许多相似之处。比如，您需要一个概念来讲一个故事，尽管媒介不同。

J. S.: 为什么决定去美国的耶鲁大学建筑学院学习？

M. YS.: 我一直想去国外学建筑。因为在中国，我只能在杂志上看到建筑是不同的，人们可以做那样的建筑令我很惊讶。而在耶鲁，学校会请建筑大师来做学生的导师，他们各自阐述了不同的想法和价值观。毕业典礼上院长会说："从现在开始，最重要的是忘记你从这里学到的一切。"

J. S.: 建筑师扎哈·哈迪德是你在那边的老师。你跟她学了什么？你和她的风格有联系吗？

M. YS.: 她是一个好老师。我从她那儿学到必须做自己，这点很重要。扎哈·哈迪德的风格是曲线型的。在 MAD，我们也和许多建筑师一样使用曲线语言。但曲线能产生多种不同含义。对我来说，那不是一个固定的风格。我并非总用同样的曲线，我用情感工作，在语境里工作。当我设计一个建筑时，我会闭上眼睛，感觉看到一个虚拟世界——这个世界可以在城市、自然和地球之间移动。它从大尺度到小尺度，进入你可以体验到的空间。很多东西会浮现在我眼前。我先感受到，再试图找到方法来表达我的感受。用什么语言并不重要，无论曲线或直线，只要它能足够准确地转化这些感受。我希望人们会有同样的感受，甚至是遇到一些意想不到的感受。

J. S.: 在学校时，还有谁影响你、并帮助你成为现在的你？

M. YS.： 一本书对我影响很大——《关于一百个建筑师的故事》，也就是 100 个不同的人生故事。它使我意识到，我可以做任何我想要做的事。后来在耶鲁我遇见了扎哈·哈迪德和彼得·埃森曼。夏天我跑到彼得在纽约的办公室工作。和扎哈一起谈建筑并不多，谈得更多的反而是当代艺术。她是第一个介绍很多优秀艺术家给我的人，我们会进行相关讨论。事实上，就是在她的课上，我提出了曼哈顿上空"浮游之岛"的创意。

J. S.： 还有其他建筑师吗？

M. YS.： 我最喜欢的建筑是路易斯·康设计的索克尔生物研究所。我第一次去的时候是午夜，是翻墙进去的。漆黑的海洋和天空看起来就像一个黑洞。我不知道前方是什么。神秘、甚至恐惧的感受与宁静的白天截然不同。由建筑和自然构成的空间充满着诗意与哲学含义。

J. S.： 你和以解构主义建筑而知名的彼得·埃森曼在纽约工作的经历是什么？

M. YS.： 当时我是一个实习生，参与了柏林大屠杀纪念馆的工作。他建造的不多，喜欢理论性建筑，反对商业建筑。每周五他在办公室讲课，我们只好把午餐带回来边吃边听。

J. S.： 讲什么样的课？

M. YS.： 他的课都是很理论的东西。当时我英文不好，听懂的不多。他总会先引用一个电影。我记得当他忘了什么或说错什么的时候会脸红，然后道歉。我觉得他喜欢讲课，因为有助他思考。

J. S.： 2004 年，你回到中国并在北京开了事务所，命名为 MAD。为什么用这个名字，而不是马岩松？你觉得你真拿出了一些疯狂项目吗？

M. YS.： MAD 是一种态度。这个词在中文也有双重意思，"Ma De（妈的）"几乎是句脏话。事务所开幕日是 4 月 1 日，我没意识到是愚人节。那天我的车还被撞了，大家都在办公室门外等着，那时事务所开在一个小公寓里。很多人认为我说那天开幕是个笑话。我喜欢别人在说到 MAD 的时候会哈哈大笑。

J. S.： 它同时道出了一个事实：建筑师的行业几乎是疯狂的，因为要经受许多问题，经济的、政治的、结构的……一个会变得疯狂或使你变得疯狂的漫长过程？

梦露大厦，密西沙加市，2005-2012

北京 2050, 天安门人民公园, 2006

M. YS.： 不，我认为是相反的。每个人对这些事情都有一种独特的反应。重点是怎样保持独特性，所有那些实际问题都不会影响你成为一个建筑师。

J. S.： 然而，大多数建筑师会用自己的名字来命名他们的公司。

M. YS.： 一个名字不表示什么意义或态度。MAD 不是一个好词也不是一个坏词……我喜欢这一点。

J. S.： 你创作的第一个建筑物是什么？

M. YS.： 2004 年我回到中国成立了 MAD。我们花了两年时间参与了近 100 个竞标，主要是国内的。有时我们得了一等奖，但到后来什么也没建成。我们做的第一个实施工程是 2005 年加拿大的梦露大厦。那是我们第一次参加国际竞赛获胜。其实概念来自我在学校时的一个项目，作为对四方形高层建筑的挑战。我们进一步发展了那个想法，并且赢了。

J. S.： 那两座曲线的绝对塔似乎是你的建筑宣言？

M. YS.：两个大厦以某种模糊的形状旋转。看起来像是从地面生长的植物，它们的动态确实是最重要的特征。有些人称之为梦露大厦，因为它们具有女人的曲线。

那时我输掉了很多国内的竞标，而这是第一个我在网上找到的国际竞赛。竞赛的好处是它给参与的建筑师很多自由。我想造一个使我们联想起大自然的人性化大厦。还记得有一个当地的记者问我为什么这些大厦看上去有点像一个东方花瓶，这让我惊讶，因为有些人认为这个建筑是一个西方女人，有些人认为是一个花瓶。可能它们在现代城市都很罕见。这个项目使我们成为第一位走出中国的中国建筑师，给我们带来了很多机会。这也完全改变了我们在中国的处境。

J. S.：从那以后，你开始被邀请并赢得一些建筑项目？

M. YS.：是的。那个时候到奥运会之前，中国许多标志性建筑都是由国际建筑师设计的。中国建筑师很气愤，媒体和公众似乎想找人证明中国设计师也可以有创意。所以，我们的案例变得重要。这个结果对我们也很重要，许多之前根本从不信任我们的人改变了主意。

J. S.：你如何定义你的建筑、你的工作？

M. YS.：不一定要做建筑师才能有梦想，但一个建筑师确实要有梦想。建筑通常是非常实用的，特别是在中国。我想要思考未来，但同时我得务实，我想建真的东西，想看到我的小草图变成一个巨大的建筑。很多人就因为这个原因做建筑，并因此获得认同［笑］。我觉得当你有两种方向时，它们之间会发生化学反应：一方总要与另一方协调。例如，我们盖起了本来属于一个展览项目的胡同泡泡。我在 2005 年提出了胡同泡泡的计划。那时也不知道是否能实现，就称它为"北京 2050"。与它同时提出的还有两个方案：一个是覆盖天安门广场的森林，另一个是漂在 CBD 上空的城市。两年后我们完成了这个泡泡。

J. S.：他们对覆盖天安门广场的森林项目有什么反应？

M. YS.：许多人喜欢这个想法，但也有许多人认为这不可能实现。实际上，天安门现在有两片长满花的绿地，而且正在变化。项目的目标是将一个免费的公共空间和绿色森林结合，提供自然和树荫，以便让这个象征性的、空荡的场所更为人性化。甚至一些城市官员也喜欢这个项目，却没有人愿意为这个项目说话。

J. S.：对一位中国建筑师来讲，在天安门广场这样一个象征性的地方做项目敏感吗？

M. YS.：是的，敏感。天安门的森林项目是最未来主义的，虽然从技术上讲，种植这些树并不复杂。在中国很多人认为他们没有做出改变的权力。有人问我为什么做这个项目，是否受政府委托。但这是我自己的方案，仅仅是我对城市的理解和观察。

J. S.：它几乎像一个艺术家的方案。

M. YS.：是的，事实上它曾在 2006 年的威尼斯建筑双年展展出。

J. S.：人们的反应是什么？

M. YS.：它引起了大量的讨论和回应。总的来说，是非常积极的。我们是在 2008 年北京奥运会前展出的。

J. S.：你为什么经常谈论漂浮的建筑？

M. YS.：我确实很喜欢当建筑失去重力而可以浮动的状态。我不喜欢被限制。我做的第一个漂浮方案是我还在耶鲁念书时，以"9·11"后重建世界贸易中心为课题的设计。我提出了像云朵一样浮在摩天大楼之上的有机结构，在这个漂浮城市上有一个公园。这朵柔软的云将其他建筑物横向连接起来。

J. S.：你如何阐述这样的建筑场景与周围文脉之间的关系？

M. YS.：看情况。讲故事时你需要了解它的背景、历史、地理位置和人。但总的来说，我对自然更感兴趣，因为任何设计都是人造的，属于人造世界的一部分。令我感兴趣的是人造结构与自然结合的不同方式，不仅是形状或外观，还有体验。建筑历史中有许多成功的例子。我想对这方面有更多的了解，因为在东方，人们曾经非常尊重自然，认为人类位居第二。然而随着历史的发展，我们变得如此强大，以至于认为我们可以改变一切。现在有许多建筑领域关于"绿色"和"可持续性的讨论"。这些想法仍然基于人类能控制和改变自然的现代价值观，我们还是与认为自己是大自然的一部分的祖先相去甚远。

J. S.：所以你觉得现在大多数建筑师对"绿色"的痴迷——关于更为景观化的新建筑等等——

很无趣？

M. YS.：我的意思是，比如，我喜欢传统园林。它在结构上并不像自然，寺庙看上去不像一棵树。但从精神上，在建筑及其环境中的体验使你感到与自然的亲近——它能启发我们的思维。而现在由于城市化，在城市有很多高密度的大型建筑。仅仅把 CBD 设计成纽约或芝加哥的拷贝不是中国的解决方案。在纽约的那些"LEED 金牌认证"的绿色塔楼，看起来完全像 20 世纪 80 年代的玻璃幕墙盒子，它们怎样成为可持续的？只是因为他们使用更好的空调和玻璃吗？当然这让坐在办公室隔间里的人更舒适，但与自然无关。

J. S.：在现代城市里，自然应该占有一个什么样的位置？

M. YS.：你需要有很大的力量才能与自然产生关联。例如，纽约的中央公园是很久以前建造的，如今很难在任何其他城市实行此类项目。在中国，城市规划部门需要更好地平衡密度，将自然景观和山水引入城市。我们有足够的空间。我们只需要拆除一些建筑，便有了空间。北京有大量的空间。它似乎很大，但有很多小建筑物，所以密度很低。如果一个地方的密度较低，也就有更多规划空间的自由。

J. S.：21 世纪的 MAD 城市哲理将是什么？

M. YS.：它不应该看起来像是一个机器，而是美丽和诗意的。我的城市将结合建筑与自然，同时对人是友好的。自然在中国有着特殊的意义，我们却在城市规划中失去了这方面的智识。

J. S.：你说人们不像以前那样尊重自然，而规划者的野心使他们做违背自然的事。你如何整合自然来避免这些问题？

M. YS.：有很多方式。当谈论一个建筑时，我们总在谈论功能和技术。一些建筑显示它涉及的技术，另一些以功能作为高科技建筑的主要目标。实际上，每个建筑都有功能，但并不是每个建筑都可以与自然对话，把人与环境连接起来。并不总需要树和草来感受自然。通过空间、光和天空已经能感受到自然和宇宙的力量。有时候还可以看到湖、森林和海，这些都能引起奇妙的感觉。当你住在高楼里，建筑就像一座山，而你的公寓就像一个山洞。想象一下你坐在高层办公室里，旁边有一个阳光明媚的园林，或许还有一个从天而降的瀑布……

J.S.：像现代穴居人。

M.YS.：你可以在一些传统画里看到一座山，山顶上有个亭子，而人们爬上山去亭子里喝茶、下棋。这种体验在高楼里也可以实现。

J.S.：你的建筑形式是一个很好的隐喻：有机而不真实。它们看似常见但又罕见，它是当下的但又似乎来自过去。那些形式从哪里来？

M.YS.：很多东西……取决于你要在一个特定的语境和时间里创建什么样的空间或气氛。有时候我喜欢具有能量和冲击力的东西，可以给一个地方带来某种精神。其他时候我想要平和、微妙的东西，甚至是无形的，并能融入周围的环境。

也有成本问题，不然我们可以做更疯狂的事。流体形状只关心表面，也可以做浮动建筑，但这无比昂贵而且更难做。问题完全在于这是否值得。除此之外，你是在创造有生活的建筑，应该和人们有一种情感联系。有时候你会被自然的美打动，建筑也应该如此。

J.S.：所以你的作品与流体建筑有关？流体形式和流动的复杂性？

M.YS.：流体与否不是重点。建筑离不开周围的环境和人，因此我们必须找到一种相互连接的语言。建筑不是一台机器。

J.S.：你不是那类把自己的建筑当做纪念碑，或者把建筑当做景观中的雕塑的建筑师。但你的作品严肃而具有讽刺意味，与电影的某种手法相似。

M.YS.：我们设计过一个塔楼，叫"800米塔"。我们声称这是世界上最高的建筑，其实塔从中间折过来、顶部落回到了地面。这是一个笑话，它表达了我们的态度。我们不想做只为了达到一定高度的纪念碑建筑。我们想要有一个批判的态度，否则建筑师只是提供技术服务的专业人士。我认为这是当今商业世界的情况：那些拥有金钱和权力的人在建设城市，而建筑师心安理得地接受他们的订单。

J.S.：人们对大有一种痴迷。像是一直在比谁能建造最大、最高的塔。与其说是关于质量，不如说是大小。

M.YS.：我认为这种价值观应该属于过去，人们在物质层面竞争。可笑的是，这种竞争从未停止，今天最高的建筑六个月后便不再是最高的了。关键是建筑物的高度不再是一个好的评判标准，当今人类有更多的需求。再建 100 米不如去火星的野心大。

J.S.：你如何看待规模和文脉？对你来说，使作品融入环境有多重要？

M.YS.：不一定，这取决于文脉的品质。例如那个在四合院里的泡泡项目，我们把一个新建筑融入胡同的尺度中去。再或是 CBD 里的高层，那里已经充满了视觉效果。其他的高层需要一位领袖。无论如何，两种情况都涉及到如何让情景遵从于它们的文脉。对我来说，"文脉"有多重含义：周围的环境、我们的城市发展历史的一个时期或是特定的时代。

J.S.：你似乎是在对抗世界各地大多数铺天盖地的建设。

M.YS.：这与周围的环境有关。曼哈顿那些方形塔楼看起来很强大。它们是资本主义的纪念碑，但缺乏与人和情感的联系。想象一下一个巨大的、活生生的有机体。我的漂浮城市的想法部分来自于对"9·11"的直接反应，以及对纽约现代主义城市建筑的思索。我称它为"纽约的浮游之岛"。

J.S.：你经常谈论建筑作为空间、精神需要、氛围？这些是什么意思？

M.YS.：这全都和你在建筑及其环境中的感受有关。是一种持续的体验。有时人们把建筑看作产品或图表。我不认为这是一个好的方式。建筑应该传达人们能体会到的情感和精神。

J.S.：你经常谈论在寺庙的感觉。你在欧洲遇到的其他精神空间怎么样？像清真寺、教堂等等。

假山，北海，2008-2015

M.YS.：我经常提到中国园林或日本寺庙。我一直在思考当建筑消失并被自然形态的审美所取代时将会怎样。园林是由一组彼此对话的室内和室外空间构成。不仅是某种形式，更重要的是有秩序，以及产生某种情感体验的空间和场景。人造和自然的边界由此再次模糊。

J.S.：教堂呢？

M.YS.：教堂在上述的精神和情感层面表达得很有效。上升的空间使人从生理和心理上变小。光从上方射下来，仰望时，给人带来一种崇拜感。中国的寺庙非常不一样。它们通常建在自然里，四周环绕着高山和溪流。接近时，人们感到平静、与自然融为一体。不同的经历产生不同的含义。人们进入被自然包围的寺庙，发现自己不是在独立的建筑里而是在一连串的庭院中。中国园林的自然元素被赋予了社会精神。换句话说，树、竹林和水塘可以视为空间的主体。

当我看到奥拉维尔·埃利亚松在伦敦泰特现代美术馆的项目时，很受感动。那些人都躺在地上，陌生人之间拉着手……很神奇。我喜欢去感受空间的气氛。我感受不到图像和图形的冲击力。我需要空间。

J.S.：你通常怎样工作？从哪里开始？

M.YS.：有一些并行的过程。一部分是场地和功能分析，这方面逻辑性很强。然后就是艺术方面的工作，我试着忘记逻辑因素并探索文脉和感觉。我们一直追求的是最模糊、独创的想法，以及人类心灵里纯粹的情感元素。这必须超越东方与西方、穷与富、甚至现代文明。

J.S.：你在哪里找到灵感？书中？电影？集体讨论？环境？

M.YS.：我看的书不多，我相信自己的经验。在广西海边设计"假山"时，我去了现场，一见到大海就让我想起一座山。我就这么简单。因此，我画了这座山，把草图通过电脑转化为建筑。我没有把曲线做得更完美或合理，反而保留了草图的效果。随后再思考功能性和其他逻辑因素。有时候情感是指南。这次我感到山的存在，在其他时候是别的东西。如果我对一个空间没产生情感，我将理性地对待它。

J.S.：当你设计一个建筑的情感体验时，你首先想到的是大致的外形还是含义？

M.YS.：两个都会想。例如，关于灵感来自一座山的项目（假山），我需要思考人们在山里的

浮游的大地，Alessi 产品设计模型，2010

感受。应该与普通公寓不同。

J.S.：你如何对待材料，你用的材料总是很独特，你如何选择它们？

M.YS.：我不是很擅长选择材料。我不喜欢让材料凌驾在建筑之上，我倾向于让材料变得更抽象。

J.S.：你关注细节吗？

M.YS.：是的。但有时候如果你想要更强烈的空间，必须减少过多细节产生的信息。

J.S.：少即是多。

M.YS.：对！

J.S.：你的建筑涉及到新科技吗？

M.YS.：有时候会，这取决于概念。基本上，我不喜欢太花俏的科技。最近我们在厦门做一个项目。那边很热，我想做一个有阳台和树木，又能提供阴凉的建筑。建筑被一种"皮肤"的东

71 Via Boncompagni 公寓，意大利罗马，2010 - 2017

西包围，可以撤走，而这个透明物又能显露整体轮廓。像一个缩微宇宙。建筑将有十层楼高，"皮肤"的效果和动作需要高科技来实现。

J.S.：你的建筑常常看上去像是能呼吸，如同身体。

M.YS.：建筑是有生命的。

J.S.：你关注建筑内部的细节吗？比如墙壁的颜色、地板等等。

M.YS.：对我来说，最重要的是自然光的呈现。空间内部的材料必须是简单的。我接受有时建筑内部有瑕疵，因为这能给人一种人性和手工的感觉。完美并不意味着美丽。

J.S.：当人们进入你的空间时，你感觉如何？你喜欢与空间相配的家具吗？以及它们对你最初概念的影响？

M.YS.：我总是觉得一个空间就像一个舞台，不同的演员扮演不同的角色。从某种程度上，

感觉即真实，奥拉维尔 · 埃利亚松＆马岩松，尤伦斯艺术中心（UCCA），2010

我建造的是生命的舞台，因此我很欢迎生命去改变空间。但如果是一个有特定用途的博物馆，我就会喜欢控制里面的气氛。这是私人空间与公共空间的区别。在第二种情况下，例如一个博物馆，我们会设计内部的一切，包括灯光、家具等等。

  J. S.：鄂尔多斯博物馆和哈尔滨大剧院是这样做的吗？

  M. YS.：是的，我们设计了室内和室外，包括整个景观。

  J. S.：现在许多建筑师也做产品设计。你对此感兴趣吗？

  M. YS.：我更愿意做建筑。我设计过几件家具，给 Alessi 做了一个托盘，看上去就像我的建筑。所以我更喜欢建筑，因为涉及到更复杂的情况。产品设计更多是关于生活方式。我对大规模的建筑更感兴趣，对我来说有更有冲击力。

J.S.：你给自己和家人建造或设计过房子吗？

M.YS.：没有。

J.S.：你住哪里？公寓？房子？胡同？

M.YS.：公寓。

J.S.：是你自己装修的吗？

M.YS.：是的。很简单，高天花板和大量自然光。

J.S.：家里有什么东西？

M.YS.：很多植物和一些画。

J.S.：谁的画？

M.YS.：无所谓，我就是喜欢它们。

J.S.：你理想中的房子是什么？

M.YS.：我儿时的房子。四合院里有邻居、社会生活。现在没有社区生活了，即使在胡同里也没有小孩在外面玩儿……但我喜欢四合院的感觉，有天、有地还有树。

J.S.：你经常去不同的城市。和哪个城市感觉更亲近？愿意在哪里做建筑？

M.YS.：任何地方。

J.S.：没有一个特别的地方吗？像是伊斯坦布尔、新德里、贝鲁特？

M.YS.：我喜欢罗马和纽约。我想如果我要建造一个高楼，我会选择纽约。我们正在设计一个在罗马的项目。罗马的市中心有很强的历史感，并且没有很多现代建筑。让一位年轻中国建筑师给这里带来不同的东西，会很有趣。

J.S.：你喜欢在城市里行走吗？我的一些建筑师朋友说只有通过步行才能理解一个城市。

M.YS.：我认为你需要住在那里才能真正理解它。

J.S.：你会写有关建筑的文章吗？

M.YS.：不，我只是有时写下我的想法。我每天像写故事一样记录我的想法，之后有人帮我打出来。

J.S.：发表过吗？

鄂尔多斯博物馆，2005-2011，（摄影：Iwan Bann）

M. YS.： 有，在我们的《疯狂晚餐》这本书中。

J. S.： 你是第一批中国的独立建筑师。你如何看待上一代到你这一代的角色转换？

M. YS.： 基本的区别是上一代服务于国家利益，年轻一代更相信自己。因此他们或许可以代表公共利益，或者个人利益。这一代更多样化。

J. S.： 日益加速的城市化进程让我们遭遇了真正的问题，你怎么看待你自己以及你这一代的新建筑师的角色？

M. YS.： 建筑师总是因为他们的所作所为受到批评，同时他们也总在抱怨客户和政府官员。我认为建筑是一种群体工作，然而建筑师应该是这个群体中见识最广的。他们或许能够使决策者改变想法。我们做大规模的设计，但也做小型的项目。我想结合这两点，像我们做的鱼缸。我们想为这些小生物做一个舒适的空间。当我解释给揣着大想法的客户时，他们也会表示很感兴趣。建筑师要应付城市里各种不同的人和矛盾。就是这样，这是城市的本质。建筑师身居其中，处理着不同的问题。

J. S.： 你觉得作为一个建筑师对社会有责任吗？创造一个更美好的世界？

M. YS.： 美好的世界对于不同的人意味着不同的东西。建筑师经常认为自己为人民和社会工作，但他们大多数的工作和项目是由有权势或富有的人支付的。我认为重要的是一个建筑师要了解他其实不为任何人服务。他应该解决当今的问题，并且对未来负责任。

建筑师必须是积极的。我喜欢批判的态度，但需要积极的解决方案。如果你尽力去迎合现在，就缺少了对未来的想象。你要自称有责任感，就必须思考未来。必须把眼光放远，而不是急于取悦某个人。

J. S.： 作为建筑师你怎么看城市的未来？

M. YS.： 古老的城市是为神建的，现代都市是为资本建的，我相信未来的城市应该为人而建。好建筑可以触碰到人的心灵，让社会更和谐。我们将在未来共享很多东西。建筑是有关连接而不是区隔边界的。建筑师应该愿意向社会表达和分享他们雄心勃勃的梦想，就像未来说书人——向人们讲述未来的憧憬，这便是实现它的第一步。

J. S.： 你仍然认为在城市里乌托邦是可能存在的？

M. YS.： 是的。因为我觉得人们向往并相信它——至少我信［笑］。

J.S.：你最近与艺术家奥拉维尔·埃利亚松有过一个很有意思的合作，在一个北京尤伦斯当代艺术中心展出的一个装置。你是怎样发现他的作品的？

M.YS.：在耶鲁上学时，扎哈给我看了许多当代艺术家的书，比如安尼施·卡普尔、奥拉维尔·埃利亚松和杰夫·昆斯。后来我去看奥拉维尔在伦敦泰特现代美术馆的《天气项目》展时，被打动了。很多人躺在地上，与其他陌生人一起做滑稽的动作。那时我认为他创造的是一种建筑，一个有氛围的空间。四年后，我们在威尼斯双年展展出了"超级星"项目，那是一个以照明装置呈现的一个有关未来移动的中国城的方案。奥拉维尔看了后跟我说他很喜欢。我们正式见面是通过我的朋友——丹麦建筑师比雅克·英格斯。之后开始邮件来往，在他的工作室见了几次，并开始讨论合作的可能性。对我来说我们的对话很有意义，因为他的建筑非常敏感。结果就酝酿出一个关于人们如何真正感受的项目。我们想一起做个空间，无法分辨谁做了哪一部分的。

J.S.：所以你们合作的装置叫做《感觉即真实》？

M.YS.：是的。

J.S.：那是个双重实验，一方面是贯穿在空间中的体验，同时观众在意料之外穿过建筑本身。从长长的房间的一端到另一端，在你设计的形状里，他们完全远离了一切物体……

M.YS.：总的来说，城市都过于物质化。有太多规则，而导致人们丧失知觉，建筑变得越来越大，人们关闭了大部分感官。我们在装置中创造了一个无尽的空间，在那里人们能感到重力和颜色的变化。但它其实是空的，什么也没有，没有任何物体。这对大城市的人来说是个非常难得的体验。

J.S.：这是你的建筑项目的新方向吗？

M.YS.：是的，我希望创造出更多有关情感和精神的作品。与奥拉维尔的讨论中，我们谈到艺术和建筑的相通之处。它不关乎人们所看到的或设计师想要说出来的，而是关于人们感受到的。看得到不一定感受得到。建筑很大，所以人们一定能看到。比看到更重要的是进入时的感受。最近我在设计一个图书馆，把图书馆设计成一个花园，或者说设计的是人们走在花园里的感受。我们说服客户把三层楼的建筑改为一层，这样我们可以专注于设计方案而不是高度。我认为当人们来到这个空间，将会打开他们的感官并获得一种不同的阅读经验。希望他们离开时，不是仅仅是回到之前的状态，而已经被改变了。

J.S.：那么接下来你的改变是什么？

墨冰，北京，2006

M. YS. : 我不知道，我必须自己先感受一下这个空间。我真希望它能改变我。

J. S. : 鄂尔多斯博物馆呢？你认为它可以改变去那里的人吗？

M. YS. : 大多数人觉得那个博物馆像个外星飞船，意外地降落在沙漠中，并好奇会从里面冒出些什么。我们愿意引起人们的好奇心。博物馆里峡谷般的空间和沙漠景观，使人联想起他们的环境和文化。这个空间的外观虽然是当代的，它却深植于当地文化。这是一个思考什么是"当地文化"的机会，根植的代码将来会变成什么样？

J. S. : 你曾做过一个消失性艺术作品《墨冰》。对于应该建造持久性作品的建筑师来讲，这是一个矛盾的行为吗？你怎么理解消失的概念？

M. YS. : 一切的消失都会以一种不同的形式再现。建筑的生命也是有限的。当建筑成为人类文明的一部分时，它打开了一个非常重要的可能性，因为它产生了新的事物。固体建筑的存在只是片刻。

J.S.：建筑就像一个幻想？一本小说？

M.YS.：也许吧。

J.S.：奥拉维尔·埃利亚松的项目之后，你有过与其他艺术家的合作吗？你愿意与科学家和哲学家合作吗？

M.YS.：我要找到我喜欢的人。但我对这类的合作从不排斥。

J.S.：你有其他年轻的中国建筑师朋友吗？还是感觉你对建筑的理解方式在中国是孤立的？

M.YS.：我与其他年轻的建筑师有联系，但不一定是在中国。

J.S.：你会邀请他们参与你的下一个建筑项目吗？

M.YS.：是的，我们早先一起做了一个总体规划——也许从不同的视角谈论自然会很有趣。我也愿意与更多的艺术家合作。我很喜欢与艺术家一起讨论并交流看法。我觉得比起建筑师，更多艺术家喜欢我的作品。

J.S.：电影呢？

M.YS.：我是一名建筑师。但我仍然想当电影制作人，回到我的起点。

J.S.：关于什么的电影？

M.YS.：我想拍一个发生在北京未来的故事，比如说 2050 年。是在未来，但并不是太遥远，那时我们还活着。一个剧情片，或者纪录片和预言之间。关于一个人的生活——从 1970 年到 2050 年居住在这个城市和社会。已经有了一些概念。想想这个古老的城市未来会怎样，人与社会的变化，这真的很有趣。但很大部分会保持不变。这绝对不是个科幻电影。

J.S.：这部电影的计划你两年之前就谈起过，开始写了吗？

M. YS.：恐怕会花很长时间。还在写的过程中。

J. S.：为什么不与一位导演合作呢？

M. YS.：我不是个很会讲故事的人，但是我还是想自己来讲这个故事。所以我想花点时间来展开它。我也还没有遇到一个让我想分享这个项目的人。另外，电影界的人太重视实用性，我不喜欢这一点。

J. S.：像建筑师一样，他们必须如此。没有你愿意合作的导演吗？一个都没有？

M. YS.：也许《阿甘正传》的导演罗伯特·泽米基斯？但这部电影是关于过去的，我想谈论未来。

J. S.：未来就是现在，不是明天。

M. YS.：这个故事发生在未来，但它必须是永恒和人性化的。它可能看上去还像两年前那么模糊。是时候计划未来了……

（此对话为《光明城市》的中文译稿，此书是著名策展人、文化先锋及推手杰罗姆·桑斯所做的标志性文化人物访谈袖珍书系列的一本）

山水建筑

2010年12月

黄山太平湖公寓，2009-2014

黄山太平湖公寓，2009-2014

建筑在山水中，就建成山水的样子，与壮美的天地自然融为一体。

我对黄山太平湖的印象一直就是模糊的，每次去它都呈现出不同的景色，因此它对我来说有几分神秘。像极了古代的山水画，从来不写实和临摹，一切都是随心和想象。模糊的感觉是充满诗意的，看不清，看不懂，所以经常会有人对着层层叠叠的山和水发呆。他们不仅仅是在看景，他们也看到了自己，和生活在大城市中的自己不一样。

现代人是生活在竞争中的，信奉的是效率，因此他们很难明白中国山水画中的人为什么要经过曲折的小路登上云端的山峰，在一个叫"听松堂"的亭子下饮茶。但当你到了黄山太平湖真正

黄山太平湖公寓售楼处，2009-2014

的山水之中，看到了朴素精美的徽派民居，你也许就懂了，人在自然之中追求的是一种精神境界，你中有我，我中有你，天人合一。

所以我想，建筑在山水中，就建成山水的样子，与壮美的天地自然融为一体。

这是一组散落在太平湖边的山脊上的度假公寓，与周围的五星级酒店、SPA会所和高尔球场遥相呼应。所有的房间均可饱览湖光美景以及远处的绵延群山。建筑与建筑之间由自然景观和廊子连接在一起，人们漫步于此，步移景异，同时享受着这里所提供的各种便利设施。

为了最大限度地强调自然环境，所有的公寓空间均设置了室外的垂直花园，这些大的室外平台顺理成章地将公寓内部空间延伸到室外的自然景观中，人们可以随时享受户外迷人的景色和宁静的自然环境。

公寓内部空间的设计同样创造出平和与安宁的环境。对当地天然材料和大量丰富植被的运用增加了人们居住于此的舒适感和幸福感，也和当地的文化建立起一种关联。

在这里，人们可以生活在诗情画意的山水之中。

未来之城的精神境界

2010年3月

钱学森提出过"山水城市"这个概念，他认为人类文明是依附于自然来生长的，他希望建筑要与自然结合起来，让人们有重返自然的感受。我认为，"山水城市"不是简单的"园林城市"，也不代表要把建筑直接建成山水的样子。这个概念代表的是东方哲学中人们寄托在自然中的情怀和境界。

在词典里，对"世界"的解释是"人类社会和自然的总和"。这是西方的理解，无形中把人和自然对立起来，这样的世界观将注定人无法了解这个世界，它将充满矛盾和斗争。

其实人的本性是喜爱自然的，无论是对原生态的敬畏，还是对人造自然的痴迷，小到一棵草、一个盆景，大到一个庭院、一座城市。人喜欢自然并不是因为它能吸收二氧化碳而已，而是因为人们希望寄情于自然来寻找自己存在的精神价值和梦想。

工业革命后，大城市的出现正在改变这一切，城市成为了人们贪婪的欲望和自我崇拜的象征物，对自然资源疯狂地占有和野蛮掠夺便是城市的雏形。例如在纽约这样的高密度大城市中，多元混合的都市生活和拔地而起的高层建筑成为了人类文明的最高体现，它高效、集中，但也强横、冷漠。纽约除了中央公园那仅有的几棵尚幸存的百年古树，当年的那种"鸟语花香、水天一色"的原生态岛已不复存在。400年的历程，曼哈顿从"树木森林"走入"水泥森林"，看似战胜了自然，实为自毁了家园。阿诺德·汤因比（Arnold Toynbee）曾评价这个世界说：自从人类在大自然中的地位处于优势以来，人类的生存没有比今天更危险的时代了。

如果今天的中国研究高密度未来城市仅仅是为解决诸如移民、城市化和土地价值这样的问题

城市森林，重庆，2009

的话，其实纽约和香港已经是近乎完美的参照物，实际上中国很多地区已经在照搬曼哈顿和芝加哥模式建设城市新区。足够的高度和容积率，加入一些公园绿地，大不了再加一些纽约没有的空中横向联系，一座纵横交错的未来大都市就出现了，有可能还是曼哈顿的升级版。好莱坞的未来电影中也曾经常出现这样的后工业大城市形象，但那真的是我们的梦想么？我们所需要的仅仅是一座密度最高、功能最全、最节能和高效的城市么？

据说在经历了电影《阿凡达》中潘多拉星球的美丽图景后，很多人心中对美好世界的渴望被唤醒，导致很多人难以接受现实的世界。更有人宁愿自杀，也不愿回到丑陋的城市生活中去，他们对不能去潘多拉星球的美丽世界感到绝望。这给那些总是把"现实"挂在嘴边的城市野心家和学者莫大的讽刺。他们没有梦想，他们认为人类走向未来的动力就是要不断去解决眼前的问题，即使他们知道十年后也许这些问题本身就已经不存在了。

解决现实问题是任务，不是梦想，因为梦想是超越现实的。它是人们对美好世界的终极想象，像一束遥远而炙热的光线指引着我们前进的方向。未来人类的发展将由对物质文明的追求向对自然精神文明的追求转变，这是人类在物质条件得到极大满足之后必然的回归。是人类所经历的以牺牲自然环境为代价的农业文明和工业文明之后的后工业文明，我称之为"自然文明"：自然和人类并存。在未来的理想城市中，我们渴望的是重建精神家园。重建人与人、人与自然的平等和信任。

对理想城市的想象很显然是一个关于精神和伦理的讨论，而不是关于技术的。技术的特征就是随时在更新，而实际上今天的技术已经更新得太快了，以至于现在最新的技术过不了几年就是落后的了。中国城市化进程中的很多建筑，虽然有 70 年产权，但可能 30 年后就没人住了，因为它们当时运用的技术已经过时，很多所谓的节能建筑，可能也已经无法运行了。30 年后的建筑，节能节地是一个基本要求，今天的太阳能板、风力发电等技术到了那时就只会沦为无用的装饰。但另外一些建筑，中国园林、故宫、长城、金字塔和悉尼歌剧院等，它们至少能存在几百年，因为它代表了人类当时的文明和梦想。这不是技术，不是指标，以建筑为载体的精神和文化才是真正能让建筑可以持续的一部分。

绿色和生态是舒适度的问题，这是很初级的，实际上也是另一种物质问题，它忽略了人们寄托在自然中的精神世界。换句话说，一座高效、节能、合理的城市对于人来说是远远不够的，因为人们不想成为幸福的猪，人们有梦想和精神。未来城市应该能体现出人类最高的精神境界。

钱学森提出过"山水城市"这个概念，他认为人类文明是依附于自然来生长的，他希望建筑要与自然结合起来，让人们有重返自然的感受。我认为，"山水城市"不是简单的"园林城市"，也不代表要把建筑直接建成山水的样子。这个概念代表的是东方哲学中人们寄托在自然中的情怀和境界。当高密度水泥丛林向每个人逼近，自然逐渐消失，人们希望可以在现代城市生活中感受到自然情感的存在。中国城市与自然的关系从来都不仅仅是舒适和效率的问题，是人们对自然精神上的寄托，更是中国人一种情思，一种观念的表达。

城市森林，重庆，2009

　　我们希望能够把这样的观念与中国现在的实际问题结合起来，创造一种全新的高密度城市和建筑。

　　在 2002 年，我曾经为纽约的世界贸易中心重建提出过"浮游之岛"的概念，它是一座漂浮于摩天楼之上的水平城市，混合的城市功能与空中的森林与湖泊相融合。此概念是基于建筑群体的高密度人造景观。去年 MAD 在台中会展中心的设计中，一座由"群山"围成的院落相互连接，构成了室外空间的自然序列。正如传统中国园林中对于人与自然和谐共生的追求一样，这个建筑群落的意义更多表现在其非物质的属性。自然之物赋予了社会的精神属性——一棵树，一片竹林，一潭池水成为了空间的主体。还有最近我们在山城重庆完成的一座超高层城市综合体——"城市森林"的设计，我希望把现代城市生活与自然山水中的情感体验联系在一起。让建筑成为自然的延续，并唤起曾经寄托于古老的东方山水之间的情感。"城市森林"没有明确的几何形体，看起来像山脉般整体而生动地变化。它不再强调垂直的力量和高度，而更加注重人们在多向度空间的漫游——多层的立体花园，浮游的平台，纯净光洁的巢穴空间，建筑的形式消失在空气、风和光线的空间流动之中。置身于其中，人们将与自然不期而遇。它不是一个平庸的城市机器，而是一座在钢铁混凝土丛林中自然呼吸的人造有机体。

我在想，建筑能不能消失，取而代之的是诗情画意的自然体。建筑是一个室内外空间穿梭掩映的漂浮状结构，没有清晰的几何形体，但在各个方位和不同层高上通过庭院空间把城市公共空间与宜人的小尺度环境结合在一起。"空儿"也许可以成为空间组织的核心，人工和自然的界限可以再次模糊。我迫不及待地想去感受"城市森林"建成后的空间效果，也许伴着某个雨后的彩虹，在云端的花园中品上一杯茶，再谈谈未来的城市和梦想。

城市野心与理想

2013年5月

碎片大厦，伦敦，伦佐·皮亚诺，2012

不管出于对何种极致的崇拜，这样的竞争其实已像病毒一样在全球传播，这是一种对城市化的极度扭曲。

不久前在伦敦刚刚落成了一座名为"The Shard"（碎片大厦）的超高层建筑，300多米的高度让它像一道利剑插向天空，成为了欧盟第一高楼。每次去伦敦，我都会被当地的媒体问起对这个楼的看法，可能对伦敦人来说，这个楼就像北京人看央视大楼一样，找不到舒服的感觉。

突然有一天，我看着这个楼，越看越眼熟，它让我联想到平壤的柳京饭店。这也是一个直冲云霄的尖顶，330米高，1987年开建，当时的朝鲜要赶超纽约的帝国大厦，争当世界、亚洲的各种第一，结果因为资金不足，这个楼已经烂尾了20多年。

有意思的是，两者都是直冲云霄的尖顶，非常类似放大的古代教堂的顶部，只不过古代的尖顶代表的是对上帝的崇拜和与神的接近，位于伦敦和平壤的两个尖顶却有着新的含义。

然而不管出于对何种极致的崇拜，这样的竞争其实已像病毒一样在全球传播，这是一种对城市化的极度扭曲。那些以巩固权力和资本而修筑的建筑所传达出的"信心"，与生活在当代城市中的人的精神诉求和想象力并无关联，也许这才是人们对城市中的一些建筑"感觉不舒服"的原因。

从1924年第八届奥运会提出"更快、更高、更强"的口号开始，竞争已经成为现代人的一种生存方式，压倒性地主宰了现代社会的精神取向，生活被各种竞赛充斥着。城市之间的竞争也表现在各种能代表权力和资本野心的建筑物上，很多高层建筑建设的初衷就是以城市竞赛为目的。

柳京饭店，平壤，1987-2015

扶摇直上的钢筋混凝土森林成了赞美资本权力、蔑视人性情感的纪念碑。人们热爱和痛恨着城市，徘徊在去留边缘。

　　在工业文明时期的一些北美大城市开始没落的今天，中国的城市却成了后起之秀，建设着更高更快更强的中国版美国梦。在过去的 30 年里，中国遍地都是速成城市，大同小异，缺乏特质，毁坏历史和自然，但又不得不制造出一种富于自豪感的幻象。这样的城市总是以拥有一座类似白宫或人民大会堂式的政府大楼，一个市民广场，或者一道纽约曼哈顿的天际线为荣。全世界最大的制造城市的基地，因为缺乏文化上的准备，中国恰好就成为了世界上最大的山寨设计国度，这实在是一个非常尴尬的事实。城市的问题其实并不是摩天楼和大建筑本身,而在于那些建筑物背后的集权主义和实用主义价值观所导致的文化,人性和精神性的缺失。

有人说中国是一个城市和建筑的试验场,我倒认为这是一件好事情,一个阶段的城市文明将在中国接受检验,迸发出更多的可能性。我认为中国的城市决策者应该看得更远一些,想象一下50年的城市化进程告一段落之后,我们的实践能给人类的城市文明留下些什么?

一个新的思想应该诞生了,不是靠山寨,不是靠实用主义,也不是靠往回看。我们应该谈一谈,我们心中梦想的未来之城是什么?

(原文发表于《新京报》"新艺术专栏"2013 年 5 月 8 日)

中国的美术馆

2
0
1
3
年
6
月

中国美术馆扩建竞赛方案，北京，2004

与环境和自然的结合，可以说是中国建筑和艺术最重要也是区别于西方的部分，北京老城里的建筑规划大都有这个特点。

中国正在筹建一个世界上最大的国家美术馆，展览面积超过巴黎的卢浮宫，但占地还不足卢浮宫占地的1/8。更令人不解的是，国家美术馆新馆并不象卢浮宫一样位于市中心，而是选址在北京四环外的奥林匹克体育场北侧。

国家美术馆作为一个国家的文化心脏，理所当然应该放在城市的中心。世界上重要的城市，比如说纽约、巴黎、伦敦、东京、柏林、华盛顿，每个城市都会有好几座世界级的美术馆，而且都会放在这个城市最中心，也是环境最好的地点。美术馆的选址某种程度上代表着一个城市的品味和开放度，也代表一个城市对文化和艺术的重视程度。一个在城市中心的美术馆很容易便会成为历史和人文环境的一部分，成为市民的日常活动去处。

中国美术馆的老馆，建于 20 世纪 60 年代，坐落在老北京城的中心、景山的东侧。与同是建国十周年献礼工程的人民大会堂和历史博物馆相比，中国美术馆没有选择所谓的国际式，其实也就是苏联式建筑的风格，而是选用了"大屋顶"的中国民族式风格。它东侧的街心花园则成为了美术馆的公共空间，历史上许多重要的艺术事件都发生在这里。

据说新的美术馆原来本打算原址扩建，但是因为周边地价太贵，便不得不放弃了这个计划。这个理由让人不解，北京的老城里，拆了多少古老的胡同四合院，挪出地方来盖商场、住宅、酒店，为什么一个国家级别的美术馆，就没有地方了呢？也许艺术文化退位于商业才是真正的原因吧！

中国国家美术馆新馆竞赛方案，北京，2010

　　美术馆的人文和自然环境与建筑的结合极其重要，各个国家的美术馆也大都有这个特点。如果认为一个成功的美术馆只是需要考虑形象和功能，那么很多商场似乎都可能是很好的美术馆。但是一个国家美术馆之所以不是一个看上去像美术馆的商场，是因为它其实是在营造一个有着精神感染力的场所，一个让人们体验建筑和环境美学的城市空间，让都市中的人、艺术、文化和自然相遇的地方。未来的美术馆不应该仅仅是一个形象或者传统的展示功能，更应该是有市民参与和互动的，充满活力和人文气息的文化引擎，有谁会把引擎设计在车体外部呢？

　　而与环境和自然的结合，可以说是中国建筑和艺术最重要也是区别于西方的部分，北京老城里的建筑规划大都有这个特点。如果中国清楚自己文化中这种独特的艺术观、生命观，便会对自己想要怎样的国家美术馆会有更清晰的认识。

　　20世纪60年代日本举办了第一次奥运会。日本政府邀请了当时的日本中青年建筑师设计了一批奥运会场馆建筑。他们中间包括了后来日本最重要的建筑大师丹下健三，他又影响了一代代的日本建筑师。这个决定对日本城市和建筑文化起到了极大的推动作用。现代的日本建筑在世界上能有独特的影响力和地位，便是来自于几代人对于自身文化传统的传承和发展。

中国国家美术馆新馆竞赛方案，北京，2010

　　作为一名中国年轻的建筑师，我呼吁中国美术馆现在应该考虑重新选址，在老馆或者市中心地区建设新馆，并且应该让中国的建筑师自由地发挥他们的想象力，与环境结合，畅想一个具有当代中国文化特征的现代美术馆，展现文化对于一个正在崛起的大国的重要性。有了对自身文化的认识，才可能有世界级的美术馆。

（原文发表于《新京报》"新艺术专栏" 2013 年 6 月 19 日）

山水城市与胡同泡泡

2013年7月

山水城市，吾号个展，2013

面对源自城市细胞的衰退与滥用，需要从生活的层面去改变现实。并不一定要采取大尺度的重建，而应该是用小尺度的改建，就像针灸，通过改变局部的情况而达到整体社区的复苏。

我刚刚在帽儿胡同的四合院里做了一个叫做"山水城市"的展览。这个展览是在古老的室外花园里，将我的建筑模型散落其中，在假山、影壁、竹林、水池和天空的掩映之下，模糊了彼此的尺度，展现出一幅超现实的未来城市图景。"山水城市"是我一直在思考的主题，关注的是在中国大规模城市化的运动中，如何把建筑与自然相结合、重新寻找现代人在自然和传统文化中的情感寄托，塑造出属于人的未来城市，这也是我选择在四合院里做"山水城市"展的原因。

展览期间，少不了要带我的一些中外朋友去看，然而每次去帽儿胡同，我都会走路经过地安门、银锭桥一带尘土飞扬的工地。这里在中轴线上与什刹海相邻，显得特别扎眼。这样的现实场景也与胡同里的这个展览形成了巨大的反差。

商业和利益最大化已经成为城市化的模式，提升土地价值，房地产、GDP是城市成功的硬性指标。这种模式造就了千城一面的城市格局。目前看来，经济发展所推动的大规模城市开发，正在逐步逼近传统的城市肌理。邻里关系的变迁，必要卫生设施的缺乏，导致原本美好安详的生活空间变成了很大的城市问题，而贫富差距的悬殊，也使得居民的家园成为最容易被收购的、同时蕴含巨大商业利益的资产。

离"山水城市"展览不远的北兵马司胡同里，还有我几年前完成的一个项目，叫做"胡同泡泡"。它的内部是一个加建的卫生间，以及一个通向屋顶平台的楼梯。它像是针对北京古老的城

山水城市，吾号个展，2013　　　胡同泡泡 32 号，2008

市肌体所做的"针灸疗法"，在四合院的缝隙之中插入一些小尺度的元素，它们会像磁铁一样去更新生活条件、激活邻里关系；与周围的老房子相得益彰，给各自以生命。这些角落里的泡泡仿佛是来自外太空的小生命体，光滑的金属曲面折射着院子里古老的建筑以及树木和天空；让历史、自然以及未来并存于一个梦幻的世界里。

我认为，面对源自城市细胞的衰退与滥用，需要从生活的层面去改变现实。并不一定要采取大尺度的重建，而应该是用小尺度的改建，就像针灸，通过改变局部的情况而达到整体社区的复苏。"胡同泡泡"原本是我的城市概念方案"北京2050"的一部分，没想到在 2010 年，第一个泡泡就实现了。

但现在看来，2050 的理想还远远没有实现，北京的老城和文化应该与每个人的梦想连接在一起。保护老城并不是只为了那些房子，而是为了我们的精神家园，让我们在面对未来的时候，不会迷失了方向。

（原文发表于《新京报》"新艺术专栏"2013 年 7 月 10 日）

胡同泡泡 32 号，2008

四合院之后我们住什么

二〇一三年11月

BATIGNOLLES 公寓草图，巴黎，2012-2017

在高密度的城市里，创造出像传统城市中的那种"空"是很重要的，那才是生活和思想发生的地方，它不但带给城市绿色和生机，也能带给城市自由和内涵。

我每次都被人问，你老说北京的四合院这么好，那你设计那些高楼干什么？未来的建筑怎么不能像四合院那样？我说不可能再盖新的四合院了，老的四合院怎么保护是一个独立的问题，而新城市怎么去设计，它的密度和环境怎么安排，这都是新的挑战。现在像北京这样的人口规模，每家一套四合院，那北京就直接和天津连上，四合院都得铺到海里去了。

我小时候住的四合院，现在住公寓楼，多层。我当然喜欢四合院，可现在没有多少人有条件再去住四合院了。我认为在大城市里生活的人不容易，他们放弃了很多东西，但是上千万人生活在一起，在放弃个人欲望的同时，也实现了共享和效率，创造了新的城市文化和文明，我甚至认为生活在大城市中的人是高尚的。

可是，难道没有四合院的未来大城市就一定要不见绿色，充斥毫无人性尺度的街区和生硬的摩天大楼么？没有了土地、树、鸟，没有了邻里空间，别说个性，我们的城市连人性都剩的不多了。

最近我的一个日本设计师朋友原研哉，在北京做了"House Vision——未来新住宅"的讲座，这是他在日本策划的一个建筑展，邀请日本著名的企业和建筑师合作，推出一系列创新居住模式。他希望通过多样而优秀的住宅设计来改变公众的生活方式，继而能成为一种社会变革的力量，通过自下而上来改变城市的格局和面貌。

住宅，在中国也是大问题，只不过更多人关心的是生存问题，房价的问题。城市就这样成为政治和经济的产物，而不是真正关于生活的。在中国，无论是地产商盖的豪宅，或是政府盖的保障房，其实都是被统一设计过的，模式化、产业化的，一户和另一户没有什么区别。没有以多样的价值观、个人化的品味和文化诉求为前提，城市是不可能走向人文、日本建筑师所希望的那种自下而上的生活方式变革也是不可能出现的。

其实老北京自上而下的城市格局同时也表现了一种在统一中的高度的自由。作为皇城的灰色背景，胡同四合院是这座城市积淀文化和生活历史的最好土壤。院落里的空间是关于人的，人在这里感受自然、生命和四季的变化。院落和公园、广场不一样，它与个人的情感和思想有着更为亲密的关系，也是人与自然之间一种"自然而然"的相处方式，在城市里，建筑仿佛消失在这种自然的渗透之中。正如老舍写道的，"老北京的美在于建筑之间有'空儿'，在这些'空儿'里有树有鸟，每个建筑倒不需要显示自己。"庭院作为一种格局，它让建筑消失，自然发生。这是一种东方人理想的生活品质，一个有山有水、有"空儿"的城市中心，也是北京有别于世界任何一座城市的独到之处。

可以说，没有人不喜欢庭院。但是在现代高密度城市里，庭院却越来越稀有。人们不得不生活在空中，缺少庭院、缺少户外花园和平台，这一切都使得现代建筑里的人与自然割裂了开来。其实在高密度的城市里，创造出像传统城市中的那种"空"是很重要的，那才是生活和思想发生的地方，它不但带给城市绿色和生机，也能带给城市自由和内涵。

于是我开始设想漂浮的庭院——把庭院叠起来，城市中形成立体的"空儿"，将这些庭院或者平台错落地堆砌成立体的"山"，室内的景色与室外的庭院交融在一起，建筑犹如城市中一片漂浮的园林。这样的微型山水也许可以摆脱现代城市的无趣，而以一种新的方式继承传统居住空间的一些特征，逐渐生长，相互匹配，渗透到城市的各个角落。

但是每一次当我试图把庭院、花园和平台引到空中，将绿地放进高层，都要面对无休止的争论，就是因为现在的建筑法规中总是要把这些绿化和公共空间计入建筑面积，这样的规定对高层建筑的革新形成了很大的障碍，使得高层建筑追求利用率的最大化，而放弃立体庭院这样的想法。我反倒认为，法规应该像严格要求地面绿化率一样去要求高层建筑中的绿化率，鼓励高层建筑中的庭院、花园、阳台和公共空间。

前一阵，最牛的北京楼顶假山花园被强拆了，我听到很多建筑师开玩笑说，平时抱怨城市缺少绿化、建筑像方头方脑的钢筋混凝土丛林的，不也是我们的市民么？如果这不是某"大师"的豪宅别墅，而是高层建筑屋顶的一个公共花园，那么它的命运应该是不同的吧。

（原文发表于《新京报》"新艺术专栏" 2013 年 12 月 11 日）

未来古城

２０１４年10月

未来古城，前门鲜鱼口旧城改造草图，北京，2014

未来古城，前门鲜鱼口旧城改造，北京，2014， © 2015NiPic.com

未来古城，前门鲜鱼口旧城改造，北京，2014

　　这是一座可以一直生长下去的城市，充满着生活的场景，是属于记忆和未来，属于自然，属于人的城市。

　　复苏一座老城，需要回溯它在建城之初的理想。旧城改造不是去重建四合院，修假古董，而是要思考在高密度成为未来城市趋势的现实下，如何实现共享，如何激发真正的城市活力，如何重建老北京的精神格局。

"未来古城"是 MAD 正在进行中的一个北京旧城改造研究项目。这是针对前门东区鲜鱼口地带的老城区开发现状，展开的一场关于如何为古城寻找未来的思考。这片占地约 6.5 万平方米的区域，昔日是京杭大运河的一个漕运码头，以贩卖鲜鱼著称。600 年后，水道荡然无存，大杂院摇摇欲坠。大片的胡同一直处于半拆除的衰败状态，而临街区域的仿古商业街又让人犹如置身于拉斯韦加斯的中国城。

MAD 以"不动"、"更密"、"针灸"、"精神"为原则，提出一系列具体的设计方法。

虽然老城区因为种种原因日渐衰落，但我们主张以"不动"的原则，实现自然的更新，而不是整体式拆除和开发，这恰恰是对老城区造成破坏的根本原因。确立城市中哪些地块是需要保留的，不去用新的、大规模开发破坏原本已经脆弱的社区生态，让城市中"老"的部分慢慢复苏、随着"新"的部分变化，"新"与"老"随着时间混合。

"新"的建筑依据什么样的原则去建立呢？如果居住在城市中心的居民只剩下富人和穷人，胡同里除了大杂院就只剩下豪宅和企业会所的话，那么老城的社会生态基本上可以说就已经死亡了。这是城市的耻辱。

老城的衰退，有一个重要的原因就是年轻人的离去。他们随着工作迁入城市的新区，城市中心房价的暴涨、旧城区难以更新的生活设施、交通、停车问题等等，都是他们无法回到老城居住的原因。老城需要让年轻人回来，混合人口，更高的密度是为了让城市中心稀缺的土地资源为更多人共享。引入中产阶级和年轻人、由他们带入可持续的商业、让老城为真实的城市生活所填充。

这正是 MAD 主张在老城区植入高层、高密度居住建筑的原因。直至今日，城市的制高点、地标依然是宗教、资本和权力的象征物，缺乏对人和环境在情感上的观照。在这片城市的中心和边缘地带，"大街"、"塔"和"空中四合院"一系列新地标式建筑则是关于人的。

未来古城，前门鲜鱼口旧城改造草图，北京，2014

　　"天街"纵卧南北，如同从纵横的胡同里生长起来的群山，与平缓的四合院群落形成和谐的对景。一条联系起整栋建筑的起伏绿化带，作为新的立体公园服务周围居民，模糊了邻里界限，立体地实现了传统胡同里的空间共享。挺立端稳的"高塔"是胡同天空的节点，与古树相映成趣。塔下的人们在新辟出的绿地上休闲生活；塔之上生活井然，绿色伴生。而"空中四合院"则把院落叠起来，让院落形成的"空儿"在垂直方向上更立体地组合生长。它并没有清晰的几何形状和轮廓，一系列漂浮状的室内外空间院延续了旧城的小尺度肌理，既实现了高密度居住又把人们从密不透风的高楼里解救出来。

　　在确立了一座城市的整体格局之后，MAD进一步以"针灸"式设计来完善城市的空儿。这种见缝插针的设计，在已拆掉的地方点状插入以进行改造和新建，以点带动面对城市肌理中的细胞和经络进行激活。它既弥合大、小尺度之间的疏离，也如"吸铁石"一般重新激活邻里关系和

未来古城，前门鲜鱼口旧城改造草图，北京，2014

社区生活，为"新"和"老"创造出亲密而意外的对话空间。"胡同泡泡"正体现这种"微观乌托邦"式的理想。

在"精神"的原则中，"林荫大道"、"无名广场"则为整个城区的灵魂。如同屈原式的"问天"，"无名广场"摒弃了西方广场常见的聚焦原则，把目光转向四周与上空：一个巨大而舒缓的曲线从地面升起，形成一个凹进的中空地带；绿树定义了广场的边界，隔绝了城市的喧嚣和日常的繁杂，别无仅有，只剩蓝天。无名广场不是某个雕塑的展室或地标的基底，而是与自然对话的平台——人们在这里通过与自然的互动通向内心的平静，通过向上仰望感受无限与崇高。它是东方的、平和的、天人合一的。

本项目为天安时间当代艺术中心的"城南计划——前门东区2014"而作。它也是一个新的起点，是MAD继2006年提出"北京2050"的城市构想之后，将持续进行下去的城市研究课题。

未来古城是一个可以实现的理想之城。

未来城市的诗意

——

马岩松王明贤对谈

城市

王明贤：我想我们的谈话可以从城市与建筑的关系开始，因为我注意到你的设计从很早开始就在试图用一种对情感的表达把人和城市联系在一起。从纽约的"浮游之岛"，到"北京2050"，再到现在的"山水城市"，这其中应该是有一个发展的过程。那么，先谈一下你的"浮游之岛"。近几年你又对山水城市有很大的兴趣，可能考虑的还是城市问题，我想知道，当年你还是一个在美国求学的中国留学生，是如何提出这样一个现在看来仍然是挺"惊世骇俗"的方案的？

马岩松："浮游之岛"是我做梦做出来的。现在回想起来，它给了我开悟的感觉，那是被逼到了一个状态，特别感性。纽约这座城市一直以来就特别吸引我，因为它是很多现代城市的典范，它非常复杂，充满矛盾和生机，很多建筑师在这儿留下了他们的经典作品。2011年的暑假我在纽约彼得·埃森曼事务所实习，8月份是我第一次登上世贸中心，不到一个月后楼就塌了。可以说，在很短的时间里，这座城市给我带来的情感是综合而丰富的。我觉得"9·11"对纽约影响最大的是整个城市的气氛，从特别积极、蓬勃向上的那种气质一下变得特别沉痛，消极。2002年我做毕业设计的时候，"世贸重建"是学校规定的题目，当时也有好几个导师在实际参与"重建世贸中心"的设计竞赛工作。大家切入点都不一样，有的人觉得应该设计一个纪念碑式的建筑，有的人觉得应该借此机会去思考什么是未来的高层建筑，总之各种各样的想法都有。而我着手做这个设计时却觉得从来没有遇到过那么复杂的情况，以前受的训练，比如怎么去做分析，怎么去建立概念，去发展想法，现在完全用不上了。前头半个学期都是在分析纽约高层建筑的历史，纽约城市的历史，但是也得不出什么结论。我当时经历了很长时间的挣扎，一直没有进展，都快到最后的时刻了，特别痛苦。可能是因为入睡前太痛苦了吧，我居然梦见了在纽约城市上方出现了一片云，这对我来说真的是一种解脱。后来我觉得，可能这片浮游之岛，对生活在纽约的人也是一种解脱吧，来到城市的半空中，舒展开来，看到了湖泊、看到了森林，可以超越具体的矛盾，政治也好种族也好，我想那都是临时的矛盾。去年我去纽约，看到现在的纪念遗址公园里的两个大坑，真的像深渊一样，特别压抑，好像两道疤痕永远地刻在了这个城市。如果"9·11"没有发生的话，纽约今天肯定是思考要怎么超越这个现代主义的经典之作，而现在完全是在走回头路。

王明贤：大多数建筑师是比较不愿意去用"感性"这个词的，但你似乎是从"感性"开始，去表达自己的观点，去寻找一条新的道路。作为建筑师，你对城市有什么特殊的情感？

马岩松：我觉得我一开始对城市就是普通人的一种爱，并不是专业去研究城市的。后来我渐渐开始思考一个人如何能在一座城市里有归属感，这种归属感不只是属于那些常年生活在一座城市里的人，还有那些过客，那些新来的人。比如说纽约，代表它的城市精神的东西，一个是世贸中心，一个是帝国大厦，再有就是中央公园，我觉得这都是非常了不起的。帝国大厦是1930年动工，1931年落成的，那个时候建那么高的楼，需要非常高超的技术和巨额资金，当时的苏联要建苏维埃宫，结果因为没钱没技术就没建起来。不过我倒觉得那些都不是最重要的，规划纽约的人，他的理想主义才是关键。尤其是中央公园，有中央绿地的城市很多，但它那么大，那么极致，这种现代主义手法所具有的气质、野心是独一无二的，这也形成了纽约的灵魂，让来自不同社会、不同文化的人来到这里都会有一种归属感。

王明贤：后来你是怎么想到回国发展的？

马岩松：我在毕业之后去我伦敦的导师那儿工作了一年，其实是从一开始就打算要回到北京的，也不是因为北京有多好，或者工作机会特别多，就是觉得家在这里，很多的记忆、朋友……家庭这种东西对我挺重要的。包括后来越来越理解城市，都是从个人情感这方面去考虑的。但很快发现，其实这里的城市问题特别多，其中最大的问题就是看到这么多新建的城市，规划模式都大同小异，到处都在建CBD新区。所以我们在寻找实践的机会，试图用各种方案去提出自己的观点。比如800m大楼，这是一个城市地标建筑的国际竞赛，我们对中标也不报希望，就想把问题提出来，批判这种盲目建造现代化表象的城市。后来在赢得了在加拿大的高层住宅竞赛之后，我们的机会越来越多，但每次都发现自己是在同一个框架里面工作，每次都是被甲方带入开发区里的某一个CBD地块，我发觉自己在慢慢接近自己早期批判的那种角色，我也意识到自己有必要用一种新的方式跟这个体系工作了。

王明贤：理想与现实的碰撞？

马岩松：其实中国的城市问题，基本上是赤裸裸地摆在我们每个人的面前，我在早期非常理想化，对城市没有概念、也没有机会去实践那些想法，倒不是说一定要建"浮游之岛"才行。但最初那些很感性的东西，我觉得是挺宝贵的，是对城市最直观的感受。我觉得我现在对城市的关注就源于此，是完全个人化的最初的感觉和记忆。

王明贤：我想你作为建筑师的责任心，应该让你对城市的关注比一般人多很多，可是毕竟你还不是那种城市规划的专业工作者。但中国的城市问题恰恰在这里：很多城市规划工作者并不注重研究和探索。目前的中国在建筑、艺术方面，都有人在寻找突破和实验，但在城市规划方面几乎没有研究性的突破。很多城市的规划工作就是把原来别的城市的规划方案套进去，没有真正的文化上、学术上的革新，所以城市面貌问题也出在这里。

马岩松：确实。我们现在的城市规划是高层权力所决定的，而且城市设计研究院、规划院也不是真的在做研究，不像建筑，在体制内、体制外都有一批不同的人在实验。城市规划、城市设计没有个人的工作室，能进行研究型的实践，他们的实践基本上服从于权力，而且一张图到处用。很多城市的领导，总想把自己的城市变成"曼哈顿"，"芝加哥"。但这些大规模城市只是表象的"形似"完全没有当年"曼哈顿"那种新时代的思想上的理想主义。

王明贤：对于城市来讲，一方面觉得城市问题很大，因为中国城市发展变化非常大，如果真从规划设计的实验来说，应该是最有可能性、最有意思的。正是由于它的变化太大了，恰恰让目前的城市规划师只能应付工作，变成了缺乏思想的执行者，而号称知识分子的城市规划师、建筑师却没有一种破釜沉舟的决心去改变现实造成的这种局面。不像当年日本战后兴起的新陈代谢主义，在面对日本大规模的城市化进程，他们干活归干活，但却在一起讨论出一种对城市未来的设想，形成了一种理想化的思想。另一方面，还是权力阶层在文化方面的素养太低，只是从经济、表面形象上考虑。再加上开发商在里面推波助澜，问题就更复杂了。

北京

王明贤：你是在北京长大的吧？对这座城市有什么记忆？

马岩松：我奶奶家住在王府井胡同里，我爸妈住在西单，都是在胡同里的。我两边住，有时候跟我奶奶吵架，就一个人跑出去回我父母家，这需要到长安街上坐 1 路公交车，从东边到西边。那时候我觉得天安门广场简直是太奇怪了，因为两边的胡同环境都是很市民的，有很多小孩、很自由的感觉。一到那儿就是宽得不能再宽的大马路和大得不能再大的、空荡荡的广场。我上小学是在美术馆后街，中学是在 65 中，我的很多回忆都在北京的老城中心，当时我学游泳就在什刹海里面，少年宫活动做模型就在景山后面。所以我记忆中的所有日常生活都是跟山、水中的城市在一起的。当时还觉得挺理所当然的。长大了之后去了世界上很多城市，却越来越感觉到北京的城市格局是独一无二的。很多经过人工安排的自然元素和城市紧密地联系在一起，成为了文化和记忆的一部分，就像老舍所说的，"老北京的美在于建筑之间有'空儿'，在这些'空儿'里有树有鸟"，建筑也因此与自然、与人们的生活建立起完整的联系。一个有山有水、有"空儿"的城市中心，正是北京有别于世界任何一座城市的独到之处。

王明贤：你对北京的未来城市发展有什么看法？

马岩松：我觉得北京本身就是一个政治文化中心，现在给当成一个金融、经济、商业中心来发展，周围还有各种工业。北京不应该是以这个为目标的城市，对经济发展的追求让这个城市忘记了它本来的人文精神。GDP 和经济利益，这些因素左右着城市的发展，对人文环境的追求是缺失的。我要今天再听到"夺回古都风貌"，我觉得不单是我，所有的市民也都挺同意的，因为现在看到了所谓的现代化，或者所谓折中主义的结果其实都很幼稚。我觉得原因可能是现在的北京太把城市发展当作一种形象上的事，或者就是功能、产业上的事，但这些都是很抽象的东西，跟一个人在城市中的生活无关。像平安大街就是一个例子，大马路肯定是现代化的马路，两边的房子看似要尊重传统，但都弄成了假古董，这是特别失败的城市空间，不光是尺度有问题，而且是对"传统风貌"的认识也是非常幼稚、表象。我觉得一个城市它的格局、布局、尺度和空间安排都会体现这个城市的精神，就跟老舍说的"空儿"似的，倒不一定说老北京的美在于灰屋顶，而是那些实实在在的建筑。

王明贤：早几年你在北京做过什么项目？

马岩松：我们在中国美术馆对面的方案，当时是叫皇都艺术中心。我们想做一个立体的四合院的那种空间感觉，这个里面并不强调建筑的形式，但尺度很重要，尺度小一点更容易和人和自然发生关系。但是我觉得这种思路其实也可以规划一个能跟老城融合的新社区。现在城市里拆了之后盖的东西跟周围环境完全没有关系，尺度很大、很粗糙这种。我觉得其实中国的这些老房子就是用砖和木头建造，有一种生命的感觉在，他们追求的也不是物质的永久性，也可以拆，也可以改，是不是也可以叫新陈代谢，一直在不停改变，但是延续的一种精神，我认为这样的城市观也非常有意思。

王明贤：你刚才说北京的气场大，虽然面临这种城市化，但是它还是保留了一些基本的东西。中国古代很多城市特别好，除了北京，很多小城市也特好，比如当时像苏州、扬州、镇江等都是历史上很吸引人的城市。但是现在真的到了扬州看就不行了，很可能是因为城市的格局小了，一下子发展就把它的特点都摧毁了，北京毕竟还没有破坏完，还留下了一些东西。我觉得现在很重要的是在这些老的历史文化名城中，如何把它原来的东西再挖掘出来，包括北京，你刚才说的北京城的这些。但是其实小的城市也有很多，跟自然的关系，跟文化的关系，都富有诗意。比如像我小时候在泉州长大的，那个城市，在我看来一点不比北京逊色。

　　马岩松：我看过一本书，美国哈佛的教授爱德华·格莱泽写的，叫《城市的胜利》，这本书从各个角度讲大城市给人带来的改变。比如说很多的文明都是从城市里产生的，他认为在城市里生活是高尚的，因为你在分享你的知识，和大家共用能源，从各个角度讲，大城市是好的。他其实就是针对现在大城市里很多的毛病，大家都觉得这些问题是城市的问题，所以我们应该去乡村。我们也一直在批判传统的高层建筑，也一样很容易被误解成我们认为高层建筑都是不好的。传统的现代主义高层建筑是缺少人性的，它们只是一种标志物，是权力资本的纪念碑，在这里生活工作的人，像一台机器。我前一阵写了一篇文章，因为突然想到北朝鲜大三角楼，伦敦刚建好的一个欧盟第一高楼的和它很相像，也是一个大三角。伦敦那个刚刚建好，还是绿色建筑。其实它也是一个日不落帝国的纪念碑。英国人说看到它不舒服，但是不知道如何评价它。北京的 CCTV 也是很多人说看着不舒服，他觉得这个建筑对他是一个压倒性的感觉，有一种帝国气质，横空出世的感觉。

形式

王明贤：你这本《山水城市》我在看，有一段说到了一个模式，一种生长的可能性。"我一直在思考，高层建筑能不能消失，取而代之的是诗情画意的自然体。建筑是一个室内外空间穿梭掩映的漂浮状结构，没有清晰的几何轮廓，也就使它避免了具有某种纪念碑式的特质。它是写意的，有点山水画的味道。它能在各个方位和不同层高上通过庭院空间，把城市公共空间与宜人的小尺度环境结合在一起。"空儿"也许可以成为空间组织的核心，每隔几层的内部花园可以与外部平台连通，人工和自然的界限变得模糊了。"[马岩松：《山水城市》出版先行本，2013，第 8 页]这一段我觉得，虽然不是一种对精神的描述，但是它也不是去谈论一个形式，其实你是希望通过一种描述，仿佛是一种状态，对高密度的城市现实做出一种回应。

马岩松：我觉得很难描述山水城市具体是一个什么形式。其实我对一个城市的印象和认识，都是从自己的经历和感觉中来的，而感觉就跟此时此地的氛围和状态有关，它不完全是客观的。

王明贤：你怎么看形式这个问题？

马岩松：形式是一个客观的存在，不管你谈不谈，因为建筑的体量，它都是不能被忽视的。说形式不重要我认为是有点虚伪的。当建筑师一根线画下去的时候形式就诞生了，我们现在谈的其实是形式的选择问题，因为一条线这个形式的背后是有含义的，它传达着一种情感，也使这种情感能被人感受到。平时人说这个城市丑，说它不舒服，说的就是这个形式。为什么建筑师一开始会画图，会说我要什么材料，要画一个立面，宽多少米，高多少，什么黄金比例，都是在谈这个形式。当然形式背后的意义有可能是空洞的，也可能是有故事的，但这不能反过来，用意义来代替形式。音乐、电影、绘画、文学都是一样的，思想需要独特的语言表达出来，建筑不是通过文字表述。我认为形式还有个特点就是它有可能是关于善恶美丑的，但却没有对错之分，它也不是科学，不是技术。

王明贤：但是说到形式，我就觉得比如说好像很多人把你跟扎哈比较，那么扎哈的形式，我觉得她做得很到位，她的东西总体非常成熟。那么相对的，你的东西可能还不够成熟。

马岩松：扎哈她的形式是完美的，所谓的完美就是它是建立在一个数学模型的基础上，它是电脑做的，追求严谨。它虽然是人操作来操作去，但最后好像都是一个很完美的结果，展现背后无懈可击的逻辑。这其实就是被主流的批评逼的，就是形式后面要有一个逻辑，一个结构，还有一个功能驱使，好像他们有各种各样的理由要做这个形式。但是上次有一个著名美国评论家，他说我在大街上走，边儿上一个房子，我一过去，这个窗子就开始动了，就开始跟我互动，有什么用啊？所有的这些还是基于现代技术的更新和工具的更新。有人觉得我是参数化，因为我们设计的很多建筑有多变的线条，这是在跟直线比，其实这本身就是一种非常形式主义的判断。毕加索的曲线和扎哈的曲线不一样，路易斯·康和柯布西耶的直线也不一样。我每次都说我不是参数化，我都是自己瞎画画出来的，而不是靠电脑的逻辑，我就是这么一画，每一个都不会一样，草图画成什么样，建筑就是什么样，北海那个是，朝阳公园的那个也是，每一个都是不可能一样的。它就是那一刻的感觉，那一刻的感觉也说不上完美，有时候甚至会追求一点不完美。

王明贤：扎哈就是太过完美了，太满了。

马岩松：其实我非常看重的是建筑的生命感，或者说自我生长的感觉。像重庆的城市森林，它甚至是没有一个明确形状的，也没有一个完整的轮廓，一切都是自然的，不完美的，而直线曲线并不重要。我认为诗意就存在于这种不完美中。

王明贤：包括刚才说的几个西方的大家，他们的东西对造形的重视好像还是太多了，真正的中国艺术、传统建筑、当代建筑不会达到那个程度。但是中国的艺术，有一种语言说不出来的东西，它不是那么明确，西方的那种艺术，或者是建筑，是很明确的一个东西。它用语言可以说，但是言不尽意，所以我就觉得恰恰是中国的建筑有可能在这方面就形成了一个跟西方建筑不完全一样的东西。然后这个可以慢慢的去发展，会是一个很有意思的现象。

马岩松：上次咱们的山水建筑论坛里，我提到路易斯·康那个 Salk Institute，我觉得那个建筑最重要的就是中间的那个"空"。路易斯·康受到东方哲学的启发，我觉得做得很好，他做出的就是您所说的言不尽意的那部分。这个建筑当然也有形式，但在于一个整体的气氛和布局，不是说没有形式了，只是说形式不能做得太满，还得有一种空的东西。像流水别墅就不一样了，它好像就是一个艺术品。

王明贤：所以我觉得有点表面，都是表面的东西。刚才谈到新陈代谢，包括国外有一些关于城市的研究，有很多，比如像 MVRDV，他们其实做了好多关于城市，立方城市，还有包括他们在中国做的一些项目，其实也考虑到城市跟山水的关系。

马岩松：我跟 MVRDV 的 Winy Mass 有次一起参加了个欧洲论坛，他讲他的立体大楼的概念，底下全是欧洲的大亨大地产商。他讲的东西对于那些地产商来说应该是很具未来感的，所以他一直在试图说明这个野心的可行性。从使用的灵活性角度、节能环保、经济性、效率各方面的表现都有数字说明。

后来讲完了以后，我发言说，其实我们现在在谈的是人向自然的回归，不能光从实用性理解。Winy 还是从一个技术的角度说，至少他是这么去试图说服别人的。这种说法在那些欧洲的地产商看来已经是天方夜谭了，楼上种树？我说现在如果法律规定所有的城市高层都必须实现一个叫做立体绿化率的东西，那么其实楼上种树并不是什么技术挑战，但是一个楼上种树的建筑怎么就比另一个楼上也种树的建筑更加人性？难道一个楼上有树的房子就会让人觉得更有心理归宿感么？现在很多的新城，包括西方的很多小城镇，看起来设计得很好，足够的公共空间、花园、绿化也很舒服，但就是他们都很标准化，缺乏特色，好的缺乏特色！因为是法律要求的这样，这些居民还是该上学上学，该上班上班，要离开还是离开，大量这样的城市根本没人知道，没有成为一个经典的，有灵魂的地方。

王明贤：西方像 MVRDV 这样的建筑，他们一直是在强调数据分析，他们想让建筑达到一个你没有办法去辩驳的逻辑强大的理由。但是建筑中有一些跟情感相关的部分传达的是一种不可言说的感受。

马岩松：是的。我觉得他是迫切想把自己所谓的乌托邦跟现实相结合吧，所以他必须按照这个逻辑去做。我当时就跟他讲，现在的欧洲盖一个高层建筑都要花这么多钱，你看在东南亚盖一个高层建筑多少钱，伦敦的一个高层建筑要花十倍的钱，都这么有钱，就是为了竞争高度，表达野心。我们为什么还不能更为所欲为一点？就直接谈谈我们的梦想，除了盖高还有什么？我觉得最大的挑战从来不是技术上的。

王明贤：那挑战是什么？

马岩松：我觉得就是不要用别人旧的逻辑去解释一个新的想法。为什么钱学森当时提出的"山水城市"的想法实现不了，弗里德曼的"漂浮城市"也是，现在的建筑不全开始漂浮了嘛，有什么实现不了的。所以建筑师就应该直接提出你的理想。我觉得我们现在有些项目能实现，有一半的原因，是因为它不是一个特别实现不了的东西。还因为，建筑师是社会理想的代言人。在早期现代主义时期，柯布西耶说现代的建筑不革命，社会就不能安定的问题，他在书里写，那是一个威胁。现在的状况不一样了，当物质和欲望充斥了世界的时候，对未来的理想更加表现在人类精神层面的反思和追求。

王明贤：中国的现状，其实不是建筑师能解决的了。

马岩松：有城市理想的中国建筑师还是不够。就是现在最著名的这几位，在国际上有代表性的建筑师，其实都还是基于一个特别个人的方式实践。包括张永和提的普通建筑，到后来他其实也没有真正能够深入到对城市改变的层面。中国的建筑师还是特别知识分子化，他们改变的是他们认为自己个人可控的那一小部分。

王明贤：我觉得张永和后来提出普通建筑，或者是平常建筑，跟他20世纪80年代到90年代初的整个实验不太一样。他现在虽然做了很多跟城市有关的项目，但是真正说改造城市，或者是真正实现他的建筑想法的好像也不多。他也不爱去竞标，就是有人委托他很具体的项目，然后他就做，现在变成这样的方式。他后来到美国执掌 MIT 建筑系，有好几年在国外，在国内做设计自然就少了一些，他说：不，我们这几年做了很多，意思说有很多新的实验。但是后来大家看了以后，又没有什么感觉。

马岩松：中国的这个现实有一个特征，就是说建筑师其实做不了太多决定，他可以从一个比较微观的角度，或者一个比较民间的角度去改变。但是一旦到了建筑师跟中国城市的这种权力阶层做博弈的时候，建筑师其实往往都在往后退。因为好像他们从心底里就感觉说我做不到去跟这个大的权力体系去斗争，或者是去周旋出什么。但那部分的缺失恰恰是决定中国城市面貌的工作。

王明贤：因为很多建筑师其实还是认为自己是一个手艺人。但中国建筑师还是比较好玩，他一方面要保持自己的这些东西，另一方面又要表现得很社会性，好像为民请命，好像这两方面的特征都有。国外建筑师我觉得分离得很厉害，有的纯粹就是工程师，就是在那里做，有的很积极参与社会。中国的建筑师什么都要，还要在社会上当一个口碑很好的明星建筑师，所以他就有时候还会做秀，还会表现。

马岩松：我觉得还是有一种实用主义的气氛，所以觉得没用就不去弄。你要是觉得自己提出来一个设想很有价值，而且你觉得你的思想都超越了那些政治家，既然天天大家都在说他们不好，骂他们做的不好，那你就做，提出一个理想，就算实现不了，起码说说怎么能够做得好。

王明贤：大家当然知道山水城市的构想可能要比现代的城市要好，但是问题是山水城市怎么实现？比如说你一个项目，这个项目是怎么体现山水城市。

马岩松：山水城市的构想重要的就是先要想象，描绘出理想的人居，而且这个理想应该跟现实保持距离，不是从传统的技术角度出发。这个特点使得它有一种理想主义的色彩。我在实践的项目里，也希望把经过考虑的一些想法慢慢体现出来。像黄山那个项目，我也曾经想过，它本身就是山地嘛，前面是水，然后我在山上建房子，我就想让这个建筑一半趴在这个山坡上，一半升起来一点，然后感觉这个山就是地形的延续，有一半是人工的自然，所以这个建筑最后有点跟山体融合的感觉。我想怎么化解大体量建筑对环境的压力，化整为零，按照地形将它设置成大小不一、形体不一的建筑，组成一个群体。我想，建在山里，就是山，就最好。

王明贤：看山是山，然后看山不是山，最后看山又是山。

马岩松：对，因为它最后切成平台了，在那个环境里面还是挺人工的一个感觉，像漂浮的梯田。后来项目的名称就叫做"山的样子"，因为我写了一篇文字，就是建在山里就是山的样子，他们起的名就叫山的样子。因为我当时犹豫过这件事儿，像安藤做过一些在山里的全都是纯几何的小建筑也都非常好。但是我想他的建筑很小，更容易跟环境融合，后来他做的比较大的一个山地的集合住宅，那个房子可能也就十几层吧，就已经觉得把那个山都已经很残酷地给破坏了。我觉得这个项目规模比较大，所以最后还是决定以像山的方式隐在山里面。每一栋建筑都不一样，而且每一层也都不一样，这个线条都是跟等高线那样，也是不完美的自然，很像当地的梯田式茶园。其实在这之前当地已经有过一个规划，规划的是两栋100米的标志性塔楼。当时估计他们是看了我们这个梦露大厦，找我是想建两栋标志性高层，所以当时规划就请我去了。后来我硬把这两个 100 米的大块头，8 万多平方米的体量，分散成一个建筑群落，还把总面积压到了 5 万平米。我说你剩下的到二期、三期再想办法，一期不要建太多，要不环境弄坏了，谁都不理你了。最后这两栋变成了七八栋，全分散开了，就是按照山地去分散的，尽量打散。按照城镇规划，这个项目不远处的其它项目已经盖起了什么西班牙风格的塔楼，我觉得那是对这个环境的破坏，但这个密度的前提，确实就是一个新的挑战和限制。不远处经典的徽州民居宏村，很漂亮，但是今天你不可能在那再盖一两层的房子了。我们未来的城镇生活肯定不要去跟过去的园林或四合院比，因为条件根本不一样了。我们现在几千几万人生活在一个社区，一个城市几百万，上千万人，大家共享，也为了这种共享放弃了很多东西，我认为这是现代城市的一种高尚和伟大的价值。一个几千万人口的城市，如果每个人都要生活在过去的别墅，四合院里面，那是不现实的，太奢侈了。我们要研究在密度和共享前提下的私有空间和自然。

诗意

王明贤： 你是觉得山水城市有它的意境，但是意境它本身是个传统的老词。你的意境是什么，你怎么作出一个当代的转换？

马岩松： 意境是很主观的东西，一种心境，无所谓新旧吧。我觉得这种心境在不同的时候和地方都不一样，比如说像黄山那个地方，在山水之间，你就想在那儿生活，冥想。很安静，有灵性，因为在水边儿上，我也希望建筑能有一种灵性在里面。当初谈山水城市的时候，我也在想，其实山水城市是追求一种内心和自然的共鸣。我们的另外一个项目，鄂尔多斯美术馆，建在戈壁中的城市，我就希望它能跟荒漠有一种对话，起伏的沙丘般的环境是荒的，没有树，没有草坪，我觉得这也是广义的山水城市，谈的是对自然的感受。像路易斯·康在海边的那个项目，有人说没树，我说绝对不能种树在那个地方，它是在跟天和海对话，跟无限的空间对话。山水并不是种树的问题，那是绿色建筑的概念，我说的是感受，心理的东西。你对海有一种情感，对沙漠也有一种情感，对山有情感，对湖有情感，在一个高楼林立的城市里又是什么情感。所以我觉得山水城市是一个广义的概念，不一定就是说山水，就是特别像山水画的山水。

王明贤：刚才你提到山水城市的写意的语言，我就想，如何写意，什么是建筑的写意语言？

马岩松：写意是一种个人化的语言吧，对我来说就是抓住那一刻对环境的感觉，提炼，不叙述，不说教，不自我证明。那应该是一种用文字和图纸都表达不完全的东西。那一刻的感觉和一个建筑所要付出的实现它的时间是不成比例的，但它仍然起到决定性的作用。像彼得·卒姆托也说诗意，他是用空间、光线和细节，他追求一种宗教感，也是一种写意，其它的现代派建筑师达不到那个境界。但他的方式在中国就会被现实瓦解，无论技术还是文化环境都无法承受这样的诗意。

王明贤：这也是建筑师挺无奈地面对现代城市化的对策。

马岩松：在不同的文化里的精神追求可能会不同，所谓的写意也就不同吧。但总的感觉中国的传统艺术中有一种高度概括的美，不完全，但在心里是完美的。这种不完美，就比方说"重庆森林"那栋楼，它好像还可以再生长，没有完成，还带着呼吸。现代派的建筑师很多是追求一种逻辑的合理性，在追求一种理所当然的完美。这不是我的方式，我希望有搞不清楚它的地方。

王明贤：前两年我看你的东西就提到"山水城市"了。钱学森也很有意思，他是一个科学家，他的思想是比较多元的，在 20 世纪 80 年代他还参与了关于特异功能的讨论，那时很多正统的人都反对特异功能的，倒是钱学森支持这方面的研究，他对这种比较偏的东西很感兴趣。他想到"山水城市"，就跟吴良镛先生、鲍世行先生和顾孟潮先生去探讨。有时候我们跟他探讨，他会非常正式的一个字一个字的写信来谈这个问题。

马岩松：我不知道，有可能那个时候提的太早了，都在搞所谓的现代化，城市化也是一个梦想，但那个时候还没有现代化，所以一定要看看现代化是什么样。现在因为城市化也到一个阶段，也有很多问题，我们学习的西方城市也走到了一个阶段。

王明贤：钱学森提到"山水城市"一方面如你说的可能太早了，太超前，大家不理解。另外，当时讨论的模式我也很清楚，规划界不得不讨论，因为钱学森位置那么高，是中国科协的主席，中国城市规划学会、中国建筑学会是科协下面的单位，所以大家都在讨论。讨论完私底下又说，"山水城市"根本不可能实现的。虽然当时像吴良镛老一辈都写了文章，也提倡"山水城市"的理论，但是真正在规划界中，还是挺多人反感的。

马岩松：我觉得我们现在谈的山水很容易被误解成要复辟传统，我认为我们在谈的是一个新东西，是在现代城市文明的基础之上，我们希望向前走一步。因为其实回归自然，不管东西方都在回归自然，这是一种必然。不是我们突然拿出一个老的东西来说，只不过现在谈生态还是更多从技术、节能、可持续发展这些角度，我觉得这些还是在一个现代主义的思路里面，还是人可以通过技术改变世界的观念，而不是从根本上觉得城市、自然和人是可以融合在一起的。

王明贤：但是有没有可能是当代的园林，也是把原来的园林，包括皇家园林、私家园林的真正的精神性的东西抽象出来，可能是园林与自然的关系、趣味，也可能在现代建筑中，或者在现代城市中有一种当代的转换。不一定真的是把古代园林拿过来，就像"山水城市"，你也不可能真的是去盖一座真山。说到园林，目前中国城市建筑多少还做了一些实验，有些研究性的东西。城市是两方面的，一方面本身中国城市发展就很有特点，所以中国的城市规划跟城市设计必然有一些在世界范围内能够留下来的东西；但另一方面中国城市又极其地没有科学性。而现在搞的园林可能更糟，还不如城市不如建筑。现在的城市园林就喜欢一个大草坪，和古代的园林根本没有办法比，和西方做的景观也有很大差距，所以现在设计的最差的、最糟糕的就是所谓的园林和景观了，都是大片的绿地，种一些豪华、高级的树，完全不是当地的树种、花种，老百姓看着挺漂亮的。现代园林唯一值得称道的就是冯纪忠先生的方塔园了。

马岩松：现代园林就面临这个问题，城市是公共的，不是私人的，它的情感不再是那种细腻的了。公共的怎么弄，是一个新的问题，"山水城市"也面临这样的问题。我想还是要分层次，找到个人和公共的关系。我觉得不应该在纠结于园林的那些手法了，这跟以前的夺回古都风貌其实大同小异，会显得很做作，缺少时代精神。

王明贤：我看你对当代艺术家还很有兴趣，而且我发现很多当代艺术家他们对城市的思考，对建筑的思考其实也很有空间的想象力和对环境的想象力，包括对整个社会生态的各种反应，有的甚至比建筑师考虑的还要多。

马岩松：我觉得所有不懂建筑的都比建筑师强，因为建筑师总是想这个不行，那个不行，首先自己就说服自己那些是"不现实"的。我还是觉得建筑师挺尴尬的，他要是把自己当成技术员的话，劲儿还挺大的。如果把自己当知识分子的话，又感觉很消极，不像西方的那些重要的建筑师都特别有那种要为理想而改造的热情，是不是避世是一种中国文人的气质？建筑师应该有一种批评的精神，因为城市有问题，才需要有一个什么设计去改变一些。但建筑师还得要有一种乐观积极的态度，艺术家批判完了就没有事了，建筑师还要改变、要提出一个更好的设想，努力去推动这种改变。你看中国批评现在的城市化这么长时间了，都缺少一些正面的思路，批评城市的建筑师并没有去城市中实践。

实验

王明贤：那么"山水城市"，先不说如何实现它。你一直在强调一个精神性，但是精神性其实对建筑师来说是一个最高的目标，也是一个最难以去描述的目标。

马岩松：一般评论好建筑，其实大家都有点认识，就是跟环境结合好，并且能创造出某种气氛的，但是这种建筑大部分都是博物馆，或者是一些特别的小建筑。比如像安藤忠雄很多成功的作品都是这样，环境本来就很美，建筑是在锦上添花。但是城市中的大建筑呢？更多人每天要使用的建筑呢？怎么去追求自己的精神性？大家谈到这样的城市一般都是从城市运转成不成功这个角度，比如说它的产业上有没有特点，结构上是不是合理，就业率，空气，交通等等。有很多数据。我在我的《山水城市》里面，提到的货架城市，就是以资本运转是否成功来衡量城市的机能和健康程度。这样的城市，它就像一个超市，它卖东西，卖得好或者不好没有本质区别，但是归根到底它都是一个货架。就是说人住在这里是为了生存，而不是因为这是一个梦想的居住地，心灵的归属地。这就是我反对的东西。

王明贤：你说的"山水城市"的是怎样的城市？

马岩松：今天我为什么想提"山水城市"、城市意境，我觉得一座城市首先应该有一个建城之本。也就是说人们建一个城市的精神理想是什么？像北京、杭州、苏州这样的城市，我觉得都有一个很大的建城构想。你看北京很经典的那条文津街，也就是北海的那个桥，到了紫禁城的角楼，走不通了，一转，然后到了那个景山前街，很美，移步易景。你要纯从功能角度那交通当然不如开成大直马路方便。还有燕京八景，我最欣赏的还有银锭观山，就是从什刹海的银锭桥看西山。整个城市的结构是有一个大的概念，这个概念是一个自上而下的，非常理想主义的。"山水城市"的概念就是这样一个以建造精神家园为目标的理想。像现代城市的千城一面，就是因为都是从眼前的功能和经济模式出发，缺少对一个地方的自然人文的呼应，对未来也缺少理想主义的乌托邦幻想。

王明贤：我不知道是不是可以这样问，你刚才也谈到了，在城市里存在着一种特殊的建筑，精神性的这种，美术馆也好，庙宇教堂也好，也存在着所谓的普通建筑。其实是一种被大量复制的建筑，它也可以是城市的肌理，像北京或者是苏州，这些老城，它也是通过一个非常基本的肌理结构形成的一个特别丰富的城市特征，以及它的生活，可能现代建筑的问题也是在于大量复制之后产生的这种没有特征的城市。所以似乎可以说城市是由这种特别大量的普通建筑和特殊建筑组成的。但是这个肌理特别重要，因为北京的整个气质可能就是由四合院这种微观的城市单元所形成。那么我不知道"山水城市"，这样一个概念，如果说它运用到两个方向，一个是这种所谓的地标性建筑和精神性建筑，另一个是普通建筑，是可以复制的。我想柯布西耶也有这样的理想，包括新陈代谢也有这样的理想去制作大量的可复制的结构。但是这个肯定有一个特别强大的概念去支撑，那么你觉得"山水城市"在这个方面会怎么去考虑应对？

马岩松：我是在说一个以精神为先导的城市，如果说这个精神是山水的，那么这个城市规划肯定是跟环境，跟自然地貌有一个特别的呼应。环境的不同，一个城市跟另一个城市的规划自然是不一样的。所以在这个条件下，它即使是大量性的住宅，也跟另一个城市不会完全一样。肌理需要内部的重复，但是一种城市肌理和另一个城市肌理是不同的，北京的四合院和苏州的园林也不同。其实你说北京的这些四合院，严格的说，也没有两个是完全相同的。

王明贤：你也说过将来不可能再复制四合院了，在我们的城市里面。

马岩松：对，这又是另外一个事儿了吧。但是我觉得未来城市肯定还是会比较整体的，因为在这种很强的观念下规划城市。而现在是一种商业模式，就是货架城市，很多城市的地标建筑，就像一个个特别高档的商品还是在这个货架上。但是货架本身是一个普遍性的模式，不同的城市大同小异。像老北京就不一样，当然它也有一些非常地标的景观，但是它整个结构挺特别的，还是有整体的城市安排。所以那会儿，我觉得老北京在那儿，新建筑也在那儿，同时还挺有反差感，而且这些新建筑也破坏不了老北京的整体，北京就是这种气场很大的城市。在东边，现在还在建CBD，就是方格网加上高层的建筑。这块完全可以依照老北京的方式，以建筑为景观去整体安排城市空间，或者引入更大量的绿地。但是绿地又跟纽约的中央公园不一样，不是切出来一大块方的绿地。而是一个融合在高楼林立之中的自然，所以它出来的这种城市的感觉，就跟现在的不一样。然后再谈到每一个建筑，可能还会有自己的追求，但是我觉得城市肯定还是会有一些比较显眼的地标建筑。我觉得这是两个问题，地标和不地标，跟山水不山水没什么关系。

王明贤：那"山水城市"怎么体现出来？

马岩松："山水城市"很难用像现代主义建筑五要素那样的方式说清楚，但是肯定绿色、生态、花园这些都是基本的。比如说有平台，有多少绿化率，规范归规范，必须有平台，必须要有自然采光，两面都要有，就是一个生活质量很高的房子。但是在这样的房子里，好像也还缺少一点东西，建筑的精神性。就说现在的这些摩天楼都是权力资本的象征，完全不考虑人的个体感受。如果要做摩天楼就一定要做成这样么？像重庆森林那栋楼，它看起来像山脉般整体而生动地变化，有点"横看成岭侧成峰"的感觉。它不强调传统摩天楼那种垂直的力量和高度，而更加注重人在多向度的空间漫游，可以说这是一种多层次的立体花园吧。有浮游的空中平台，有丰富的共享空间，而建筑的整体轮廓变得不重要了，它消失在空气、风和光线的流动之中。我觉得这种"不完美"，或者说"未完成"的感觉，就好像留白，给人想象的空间，"山水城市"就是这种"不满"的感觉。当你置身于其中，在这种城市自然的场景中，就可以体会到山水城市的氛围。你可以感觉到它完全不是一个平庸的城市机器。我想流水也是"山水城市"不可缺少的。如果在现代城市之中，能有几缕水墨韵味的高空瀑布从建筑中落下，周围雾气弥漫，有树木高低错落分布在高台之上，这不是很写意的场景么？如果人在办公室中看到外面的情景是这样的，那不就仿佛置身于山水之间。我希望把一种现代城市生活跟自然山水中的情感体验结合起来，让建筑成为自然的延续。这不是可以唤起我们古老的山水情感么？当然山水的布置首先要看城市的地貌环境，比如这里一片水，那里一条河，远处一座山，近处一座丘陵，都会影响整个城市的格局。我不可能去限定一种"山水城市"的规划模式，它是灵活的，城市、自然和人这三者的关系也是复杂的，灵活的。但需要一个总体安排，这个安排是首先考虑人的，而不是政治啊，资本啊，商业利益什么的。所以做城市规划和建筑，景观也是，如果没有强大理念的人，怎么能安排的好？当然不可否认，城市里还有大量一般化的建筑，但并不是说你做一般化建筑就是可以完全不考虑人的借口。

王明贤：好像也不一定，因为当时建筑师对城市的问题已经关注了，虽然现在回过头来看，可能 1992 年以前的中国城市，并不是像现在有这么大的问题。但是当时的建筑师已经觉得不得了了，而且他们确实也都有提出自己对城市的解决方案。但是实验建筑，因为实验建筑大概分为两个阶段，如果说 20 世纪 90 年代以前，那就是萌芽了，非常少的一点点。大概张永和当时在美国做一点小实验，像王澍可能就写一点宣言，就是这样。应该是到了 20 世纪 90 年代中期，中国的实验建筑才开始形成了一定的面貌。但是因为当时就是中国整个建设量不像现在这么多，那些青年建筑师是困难得不得了，所以他们不可能去改造城市，都是做一些非常小的项目研究。我当时觉得就哪怕做非常小的，但是做一个跟官方姿态不一样的，作为一种独立的思想，我都会对那个也很有兴趣。因为我实际上对建筑的关注，可能还是稍后一点，因为我是从 20 世纪 80 年代就开始关注中国的现代艺术，但是当时中国根本没有现代建筑，或者没有实验建筑。所以几乎晚了十年。所以我是在这种情况下，再来看中国的实验建筑，是这么回过头来看的。

（原文发表于《城市山水》文化艺术出版社，2013）

图书在版编目（ＣＩＰ）数据

鱼缸 / 马岩松著. -- 北京 ：中国建筑工业出
版社，2015.5
（王明贤主编建筑界丛书 第2辑）
ISBN 978-7-112-17911-4

Ⅰ．①鱼… Ⅱ．①马… Ⅲ．①建筑设计－作品集－
中国－现代 Ⅳ．①TU206

中国版本图书馆CIP数据核字(2015)第050956号

责任编辑：徐明怡 徐 纺
美术编辑：孙苾云

王明贤主编建筑界丛书第二辑
鱼缸

马岩松
*
中国建筑工业出版社出版、发行（北京海淀三里河路9号）

各地新华书店、建筑书店经销

北京利丰雅高长城印刷有限公司 制版、印刷
*
开本：787×1092毫米 1/16 印张：10 字数：245千字
2015年9月第一版 2017年1月第二次印刷

定价：88.00元
ISBN 978-7-112-17911-4
　　（27162）